SAUVONS L'AGRICULTURE !

DANIEL NAHON

SAUVONS L'AGRICULTURE !

Odile Jacob

3, rue Auguste-Comte, 75006 Paris

www.odilejacob.fr

ISBN : 978-2-7381-2738-9

À Élia, à Noé,
à la mémoire de Guillaume.

Introduction

En conquérant la surface de la Terre, l'homme a découvert une nature pleine de richesses, une corne d'abondance au sein de laquelle il a pris place, s'insérant tardivement dans une longue histoire d'échanges entre les êtres vivants, l'eau et la terre. Cette terre faite d'argile et d'eau a été le soubassement fécond d'une vie d'abord végétale, puis animale qui dure depuis près de 500 millions d'années.

L'homme aussi a su tirer profit de la terre en cueillant ses fruits ou en chassant les animaux qui s'en rassasiaient. Autant de bienfaits qui lui ont permis de vivre et de se multiplier. Dès l'instant où il invente l'agriculture, il ne court plus derrière sa nourriture. Installé sur les terrasses ou les prés humides, il asservit les animaux et invente les premiers outils de production avec lesquels il fend la glaise et sème. Le sol cultivé devient le pain de l'homme, mais aussi avec le lin puis le sésame, il donne l'huile pour l'éclairage, avec les pâturages, il nourrit le bétail, avec l'argile et la paille, il fournit la brique et les greniers. Les premières sociétés agraires s'organisent autour de l'exploitation de la terre, et avec elles s'amorce le monde du travail.

À l'aube de notre ère, l'Occident a adapté cultures et élevage venus notamment de la région du Croissant fertile aux confins de l'Europe du Sud-Est et du nord du Proche-Orient. Depuis, l'agriculture s'est généralisée sur toutes les terres émergées permettant la multiplication des humains.

Ainsi sédentarisé à proximité des champs, l'homme améliore ses gestes, perfectionne ses outils et, en se consacrant à bien d'autres tâches, il modifie la face du monde. Par ses œuvres architecturales et ses innovations scientifiques et techniques, il permet aux individus de communiquer, de se connaître, de se surpasser. En implantant des cités, il apprend à capturer le vent, l'eau et l'énergie. En aménageant les grands fleuves au moyen de digues, d'écluses, de canaux, de grands barrages, il fait en sorte que les terres cultivables se multiplient et métamorphosent des lambeaux de désert en champs fertiles. En éliminant le danger de sécheresses dévastatrices, en arrêtant le fœhn chaud descendu des montagnes, l'homme fait verdir et fleurir l'immensité des plaines arides. Aux cycles des saisons régénérant le monde, il ajoute à la perfection agreste, l'éclat des champs de colza en fleur, les étendues de blé blond ployant sous le vent, les terrasses d'amandiers en floraison recouvrant les modelés abrupts. L'alignement imparfait des vignes à l'automne, les châteaux avec leurs jardins façonnés, les lacs artificiels en pleine nature dénudée, ailleurs les Pyramides qui dominent le reg : autant d'empreintes de beauté, parmi tant d'autres, qui viennent rehausser des paysages monotones ou adoucir l'austérité d'un désert.

De tels embellissements, de tels aménagements n'ont rien de fortuit. Ils sont nés avec l'agriculture pour nourrir et améliorer la vie des sociétés humaines. En ce sens, la réussite est aujourd'hui évidente. Les hommes vivent plus nombreux et mieux que jamais sur les terres émergées dont ils ont pris possession.

Le sol est une ressource qui requiert pour se constituer pleinement quelques millénaires, ce qui fait qu'elle n'est pas renouvelable à notre échelle temporelle. Constitué d'une poussière de minéraux de taille minuscule – les argiles –, le sol abrite toute une vie diversifiée animale et végétale où s'échangent des molécules minérales et organiques en utilisant comme moyen de transport l'eau de pluie qui y pénètre et y circule. C'est depuis l'argile du sol que l'eau conduit les nutriments aux racines des plantes. L'argile est ubiquitaire, elle retient entre ses feuillets les molécules minérales et organiques fournies par les roches sous-jacentes et par la décomposition des végétaux. Véritable garde-manger de nutriments, l'argile fait croître la végétation et se multiplier les animaux qui s'en nourrissent comme ceux auxquels ils servent eux-mêmes de nourriture, des insectes aux mammifères. Puis la mort décompose les uns comme les autres et restitue au sol tous les éléments organiques et minéraux de leurs cadavres. Le sol s'enrichit de ce brassage continu du vivant et du minéral et permet aux plantes natives de s'ajuster au contenu du sol, d'y puiser leurs nutriments, de pousser et de rendre à la terre, au fil des saisons, sa propre contribution sous forme de feuilles et de bois. C'est de ce processus, au long des millénaires, qu'est issue son extraordinaire fertilité, que l'homme néolithique a découverte.

Mais, à force de retourner l'argile de la glèbe, de la mettre à vif en travaillant le sol, au fil des siècles, l'eau de pluie et le vent l'érodent. Et les terres s'appauvrissent. En couvrant le sol de sillons, en l'abreuvant d'eau et de tant de produits inventés, en s'enivrant de villes démesurées, en tissant des routes en tous sens, l'homme réduit l'étendue de la terre nourricière et les promesses qu'elle portait pour le devenir de l'humanité s'estompent. L'agriculture exploite sans ménagement le sol arable. Et celui-ci pourrait faire défaut dans les prochaines décennies à toute une humanité qui compte déjà une personne sur sept en souffrance de nourriture. Et si les malnutris d'aujourd'hui préfiguraient l'humanité de demain ?

Les terres destinées aux cultures sont comptées. Sur les 15 milliards d'hectares de terres émergées, les sols ne représentent que 11,5 milliards d'hectares environ, dont seulement

2,5 milliards sont arables parce qu'ils sont dans leur plus grande part trop peu fertiles ou situés dans des régions aux climats trop extrêmes.

Deux milliards et demi d'hectares, c'est peu : environ 50 fois le territoire français. Et déjà 1,6 milliard sont cultivés. Théoriquement il en reste 900 millions possibles, mais c'est sans compter la maltraitance à laquelle sont soumises les terres exploitées : il s'en perd chaque année environ 14 millions en moyenne, par épuisement de fertilité, par érosion, par urbanisation, par désertification.

La terre féconde s'épuise plus vite qu'elle ne se reconstitue ! Pour servir à mieux nourrir les hommes, les plantes adaptées au sol ont été changées, modifiées par sélection, converties en monocultures, plus exposées aux maladies et aux toxines. Et, pour qu'elles survivent et qu'elles produisent plus, on les bourre de vitamines : engrais et pesticides. La terre, gorgée de ces produits, n'en peut plus, elle se dépeuple de ses micro-organismes qu'elle fait vivre par milliards au centimètre cube, et qui, telles des sentinelles, régulent les toxines et les métaux lourds, démontent toute la matière organique morte de la litière pour en restituer des molécules assimilables par les racines des plantes. Sans les bactéries et les microchampignons, la matière organique livrée régulièrement par les végétaux à la terre ne se décomposerait plus et celle-ci serait jonchée de leurs débris morts. Sans molécules assimilables, c'est-à-dire sans cette biodiversité, la terre ne serait plus productive. Et l'homme, situé au cœur du tissu vivant naturel, ne pourrait plus nourrir ses semblables. Garder le foisonnement de vie contenu dans le sol, c'est s'assurer d'endiguer la baisse de fertilité des terres arables. Celles-ci sont si précieusement comptées pour nourrir le monde ! Et, sauf à vouloir faire de la surface des continents un vaste champ cultivé, en réduisant les forêts à leur plus simple étendue, en détruisant l'argile du sol et en éradiquant une grosse partie de la diversité biologique qui leur est attachée, il faut admettre que nourrir les hommes doit se faire sans dévaster le monde.

Alimenter le monde par la terre argileuse féconde, c'est aussi préserver la ressource en eau douce. Car la terre et l'eau sont les deux mamelles de l'agriculture.

L'eau douce consommable à la surface de la Terre est celle qui remplit les lacs et les mares, inonde les marais, sature l'atmosphère et se condense en précipitations, s'écoule dans les rivières, les fleuves et les nappes souterraines. Elle constitue un réservoir naturel renouvelable de près de 10 millions de kilomètres cubes, qui entre dans le cycle global de l'eau. Chaque année, nous y puisons près de 7 500 milliards de mètres cubes, dont plus des quatre cinquièmes sont exploités à des fins de production agricole. Mais voilà ! Nous en consommons deux fois plus depuis un siècle et l'utilisation que nous en faisons, notamment en agriculture, la dénature : il y a chaque jour un peu plus d'eau salée et un peu moins d'eau douce. Et celle-ci commence à manquer dans certaines parties du monde, là où l'eau de pluie tombe insuffisamment. Les hommes puisent sans compter dans les réserves que constituent les fleuves et les nappes profondes, notamment pour irriguer 20 % des terres cultivées qui produisent seulement un tiers de la nourriture mondiale. Dans la prochaine décennie, il faudra près de 1 000 milliards de mètres cubes d'eau d'irrigation supplémentaires et cinq fois plus en 2050. Sans compter le réchauffement climatique qui vient exacerber cette pénurie annoncée d'eau douce.

Il existe pourtant des solutions. Il suffit de regarder sous nos pieds. L'avenir de l'humanité est là. Le sol et l'eau qui l'infuse sont comptés. Ils pourraient nourrir la planète pourvu que nos agriculteurs sachent les préserver. Car bientôt ces hommes ne se compteront plus que par centaines de millions pour nourrir près de 10 milliards de personnes, dont 80 % de citadins. Donner sa valeur au sol arable et à l'eau douce, inventer des plantes économes en eau, avares en pesticides, protéger la vie microbienne souterraine, telle est la solution. Et il n'y en a pas d'autre.

Voilà ce que ce livre, articulé en huit chapitres, essaie de décrire.

Dans le premier chapitre, le décor est planté. L'argile apparue sous les cordes de pluie forme le sol, avec ses horizons, sa structure et sa composition si différents d'une zone climatique à l'autre.

Les chapitres II et III traitent de l'histoire de l'agriculture, née sur le sol argileux constitué pendant le réchauffement holocène dans le Croissant fertile. Diffusée en Europe elle va permettre à l'Occident, dès le Moyen Âge, de dominer le monde.

Si la combinaison de l'eau et de la glaise du sol a soustendu et conduit notre histoire au seuil du XXIe siècle, ces deux ressources sont aujourd'hui en péril. Le problème de l'eau douce est traité dans les chapitres IV et V.

Les chapitres VI et VII montrent que l'ambiguïté du comportement humain ne s'arrête pas là. En exploitant sans cesse la terre, sans bien la connaître, l'homme en réduit la fertilité. Et pourtant il veut en tirer toujours plus de profit : la terre, source de calories, est utilisée pour nourrir les hommes, les animaux et même les moteurs !

Enfin le chapitre VIII montre qu'il faut savoir profiter du progrès scientifique et aller vers une autre agriculture scientifique.

L'homme ne peut pas laisser mourir en silence la terre arable sans en subir directement les conséquences. Car il faut nourrir encore et encore les générations d'humains qui se sont éveillés au monde. Des solutions existent. Il faut les mettre en œuvre sans tarder, car le temps est compté avant d'atteindre le non-retour où tous nos savoirs resteraient vains. Une prise de conscience collective est urgente : notre agriculture est en péril, il faut la sauver !

CHAPITRE I

L'argile et la fécondité du sol

AU COMMENCEMENT ÉTAIT L'ARGILE

Certaines terres nourrissent des forêts luxuriantes ou des plantations rémunératrices, d'autres n'y voient pousser que des prairies ou des landes stériles. Cette différence de végétation s'explique par la variation de fécondité des sols. Ceux-ci ont des constitutions qui varient d'un coin à l'autre d'un continent, du faîte d'une colline jusqu'au fond de la vallée.

L'argile tient une place prépondérante dans la fertilité du sol. C'est avec elle que tout commence. Presque aussi vieille que la Terre, elle précède l'apparition de la vie dont elle pourrait être le vecteur principal. Elle naît très lentement au fil des millénaires, de la rencontre de l'eau de pluie et de la roche dure.

L'eau de pluie qui tombe sur les roches dures, à la surface des continents, a un double effet : elle les pénètre jusque dans leurs fissures les plus dissimulées, et réagit avec les minéraux qui les constituent.

Ces derniers résultent eux-mêmes de l'assemblage de sociétés d'atomes et de molécules fortement joints. Pour faire simple, et en sachant que les minéraux sont pour moitié formés d'oxygène, on peut les imaginer comme un arrangement de balles d'oxygène au milieu desquelles se trouveraient tous les autres atomes caractéristiques de telle ou telle roche : silicium, aluminium, magnésium, sodium, calcium, etc.

Mais chaque goutte d'eau est elle-même faite d'une multitude de minuscules molécules qui glissent sans arrêt les unes sur les autres, assurant la propriété liquide de l'eau. Au contact des minéraux, les molécules d'eau les infusent aussitôt et, comme dans un jeu de quilles, défont la construction d'atomes empilés : c'est la dissolution du minéral.

Le flux de molécules d'eau étant sans cesse renouvelé, il évacue une grande partie des atomes libérés du minéral, pour les exporter avec le ruissellement jusqu'aux rivières. L'autre partie, piégée sur place, se reconstitue en nouveaux minéraux de toute petite taille, les argiles. Les atomes et les molécules des roches se déplacent ainsi vers les argiles avant de servir, dans un deuxième temps, les créatures vivantes.

Les minéraux des roches résultent d'une histoire géologique complexe, et leur composition est variable. Ce qui veut dire, que certains d'entre eux sont plus vulnérables à l'action de l'eau que d'autres. En d'autres termes, certains se dissolvent plus lentement et peuvent subsister en petites reliques à côté des argiles fraîchement formées. Ces restes de minéraux de roche incomplètement désagrégés alimentent la fraction sableuse des sols. Plus un sol est sableux et moins il est fertile parce que plus pauvre en argile et en éléments nutritifs utilisables.

LES MILLE-FEUILLES D'ARGILE

Les argiles sont des minéraux en feuillets dont la taille se mesure en quelques milliardièmes de mètre. Lorsqu'elle naît sous des climats très pluvieux, l'argile est constituée d'un seul feuillet, sorte de fine tablette hexagonale. En revanche, sous des climats moins humides, l'argile présente deux feuillets superposés, reliés entre eux par des atomes.

L'argile agit à la fois comme un filtre et comme une banque. Lorsque l'eau, avec son cortège de molécules dissoutes, la visite, l'argile a une merveilleuse qualité : elle capte au passage les molécules en transit, qu'elle stocke sur ses feuillets et entre eux. Des millions d'atomes et de molécules arrachés par l'eau de pluie aux roches, à l'atmosphère, à la matière végétale décomposée, sont ainsi filtrés par ce manteau d'argile. Celui-ci devient une véritable usine de pièces détachées de molécules. Toutes prêtes à s'assembler au cœur de l'argile qui, dès lors, se manifeste comme un incubateur, comme un acteur à part entière de développement de la vie.

Les molécules sont minérales ou organiques et s'ancrent sur toutes les surfaces des feuillets. On saisit qu'une argile à deux feuillets retiendra beaucoup plus de molécules qu'avec un seul. Ces qualités de rétention font que l'argile a été longtemps utilisée par nos grands-mères pour ôter les taches de graisse de nos vêtements, car ses feuillets absorbent les molécules organiques quelle qu'elles soient et les conservent.

L'ACCÈS AUX NUTRIMENTS

En Afrique chaude et pluvieuse, l'écrémage des forêts progresse avec l'avance régulière des franges agricoles. Les cultivateurs installent leurs villages précaires dans des clairières ouvertes par essartage de la végétation exubérante. De coutume, une petite carrière est creusée à même le sol rouge pour recueillir l'argile qui sert à bâtir les maisons, les fours, les greniers et les poteries dont on a besoin pour conserver les grains moissonnés. Les murs des bâtisses sont faits de briques de pisé, en tassant l'argile crue dans de rudimentaires banches en bois, puis démoulées et étalées pour les sécher au soleil. Une fois les murs montés, ils sont indéfiniment désertés par la végétation, pourtant si prompte à jaillir du moindre lopin de terre. Pourquoi la moindre mousse ne s'y installe pas ? Pour deux raisons essentielles : les feuillets de l'argile tassée s'orientent tous dans le même sens pour former une masse de glaise imperméable ; de plus, en séchant, les oxydes de fer, qui donnent la couleur rouge à la terre, durcissent et donnent la rigidité à la brique.

L'argile, une fois formée par altération des roches sous-jacentes, et bien que pleine de nutriments, ne peut servir les plantes que si elle est accessible à l'eau et à leurs racines. La grande différence entre la brique de pisé et le sol, c'est que, dans ce dernier, les feuillets d'argile s'agencent dans tous les sens, se touchant par leurs tranches et leurs surfaces, se chevauchant partiellement, jusqu'à s'agglutiner en agrégats argileux millimétriques à décimétriques, facilement détachables les uns des autres. Des films d'eau et des molécules organiques et minérales relient les feuillets amoncelés : de vrais mille-feuilles d'argile ! La taille et la géométrie des agrégats dépendent du type de feuillet formé et des molécules qui les attachent entre eux.

Les agrégats ménagent donc deux sortes de vides, ceux qui constituent en leur sein une fine porosité (intra-agrégat) et ceux de volume plus important, entre les agrégats (inter-agrégats), qui permettent à l'eau de pluie et aux racines de pénétrer le sol et d'y soutirer les nutriments nécessaires à la croissance des plantes.

LA STRUCTURE DU SOL

Le paysan nous menait à pas lents vers ses terres fertiles. Il s'arrêta pour s'agenouiller sur l'alignement des sillons, prit une motte de terre entre ses deux mains calleuses et d'un léger effort la rompit en plusieurs agrégats. Il les tendit vers nous avec un sourire satisfait. Le brun rouge de la terre encore mouillée était plus soutenu au cœur des agrégats.

L'argile suffisamment humide pouvait être désormais travaillée en billons avec sa houe à manche court qu'il portait sur l'épaule. Les semailles du sorgho étaient proches.

Sans le savoir, ce paysan casamançais avait séparé les agrégats les uns des autres pour s'assurer du bon moment où le sol, grossièrement préparé, pouvait être affiné par binage pour recevoir le grain.

Par leur agencement en agrégats, les minéraux argileux retiennent mieux l'humidité, résistent mieux à la compaction, préservent le sol contre les agressions du climat et permettent aux végétaux d'enfoncer leurs racines. Si l'argile n'était pas structurée en agrégats, elle rendrait le sol impénétrable à l'eau et aux plantes, comme les murs en pisé.

L'argile du sol offre donc toute sa richesse, à la flore et la faune qu'elle abrite, (depuis le ver de terre jusqu'au micro-organisme) et à la végétation qui pousse, lorsqu'elle s'organise en agrégats. C'est la raison pour laquelle, la structure du sol en agrégats compte autant lors de sa mise en valeur agricole.

Mais la structure en agrégats n'est pas la seule structuration du sol. Il y en a une d'ordre supérieur : les horizons.

LES PEAUX DE LA TERRE

La luxuriance des sylves équatoriales laisse à penser qu'elles nourrissent à leur pied un humus profond. Il n'en est rien. La forêt de ces pays pousse sur des sols pauvres en matière organique, ce qui explique que, derrière les fronts d'attaque des cultivateurs, elle met souvent beaucoup de temps à se reconstituer. Pourtant, l'apport en bois, brindilles et feuilles est chaque année considérable, et se compte en plusieurs dizaines de tonnes à l'hectare. Mais la décomposition de ces matériaux est excessivement rapide.

En revanche, les étendues boisées des régions tempérées ou froides reposent sur un épais soubassement d'humus. Les températures plus fraîches en sont la cause : la matière organique constituée de débris végétaux se décompose beaucoup plus lentement et ainsi s'accumule au fil des saisons. Nous en examinerons plus loin en détail les mécanismes.

Épaisse ou mince, la strate humifère repose sur la strate argileuse structurée en agrégats. Cette dernière passe progressivement à la roche altérée sous-jacente. Quand bien même les transitions entre ces différentes couches sont progressives, face à une coupe foncée dans le sol, l'observateur non averti n'y remarque qu'une succession verticale de strates différentes appelées « horizons du sol ». Car le sol est fait de ces peaux, de l'ensemble de ces horizons subparallèles à la surface topographique.

LA RÉPARTITION DES SOLS À L'ÉPREUVE DU CLIMAT

L'eau de pluie et la température : voilà deux paramètres que nous venons d'évoquer pour expliquer la formation des horizons argileux et des horizons humifères. Le climat est donc le facteur déterminant pour la formation du sol et celui-ci reflète dans sa composition les grandes variations climatiques des derniers millénaires.

La lenteur avec laquelle la roche mère s'effrite en argile meuble contraste avec la rapidité de formation et de lapidation de l'humus. Mais l'essentiel du corps du sol demeure son horizon argileux. Et pour qu'un mètre d'épaisseur de celui-ci s'individualise et puisse constituer un sol qui compte dans la vie des hommes, il ne faut pas moins de dix millénaires.

La Terre, par sa courbure, n'est pas chauffée uniformément par les rayons du Soleil. Une irrégularité à l'origine de la diversité climatique terrestre. Climats équatorial, tropical, désertique, méditerranéen, tempéré, polaire se succèdent en bandes irrégulières qui ceinturent le globe terrestre ; modérés ou exacerbés par l'altitude des reliefs, par l'étendue des masses continentales ou marines, par l'importance des courants marins et des déplacements d'air. Tout contribue au jeu complexe des nuages et de la pluie.

Les sols reflètent ces variations d'un coin du globe à l'autre par leur épaisseur, leur teneur en argile, leur humidité, leur fertilité. Voyons comment. Grossièrement, chaque zone climatique offre un même type de sol. Dans les régions constamment glacées, les sols pourtant gorgés de matière organique restent figés par le gel et inutilisables. Il en est de même dans les zones désertiques mais pour des raisons différentes : l'eau de pluie est comptée et s'évapore dès qu'elle touche terre ; parfois, lorsque la mousson arrive à franchir le seuil des terres arides, elle pénètre de quelques centimètres, suffisamment pour que l'étendue du reg se couvre d'un chevelu d'herbes vertes, mais pas assez pour que le sol puisse s'épaissir et se vider des sels qui l'empoisonnent.

Les terres les plus prometteuses sont celles qui reçoivent suffisamment de précipitations et c'est encore mieux si elles sont régulièrement réparties dans l'année. En ce sens, les régions tempérées et équatoriales sont les plus engageantes pour l'agriculture, à condition que les plantes s'y prêtent et que les bas-fonds marécageux soient évités : un sol fertile contient une faune abondante qui ne respire plus s'il est inondé. Même dans les régions du monde les plus favorables, les montagnes n'ont sur leurs flancs abrupts que des sols squelettiques ou trop en pente pour compter. Dans cette nature escarpée, les pâtures sont inaccessibles aux cultures de rendement. Les vallées et les plateaux, s'ils ne sont pas soumis aux rigueurs des températures d'altitude, apparaissent au milieu des topographies hostiles comme de rares oasis cultivables.

LES SOLS DES TEMPS PASSÉS

Le climat est donc un facteur déterminant de la répartition des types de sols qui couvrent les terres émergées. Nous savons que le climat a varié au cours du temps et ses fluctuations ne sont pas sans conséquences sur l'histoire des sols. Brossons rapidement le cadre climatique dans lequel sont nés et ont évolué les sols qui ont porté l'agriculture.

Depuis 2,5 millions d'années, la Terre vit sous un climat glaciaire, né avec le développement de l'inlandsis arctique et ses dépendances. Il est marqué par l'alternance d'épisodes (ou stades) glaciaires et interglaciaires où la température est en moyenne de 5 °C plus élevée que dans les premiers. Depuis 11 500 ans, nous vivons dans l'interglaciaire holocène qui fait suite à l'épisode glaciaire du würm. Les stades glaciaires sont plus longs (50 à 100 000 ans) que les interglaciaires (20 000 ans). Et le climat interglaciaire est relativement plus stable que celui du glaciaire, qui connaît de courts, mais brusques, réchauffements.

Les causes de ces alternances sont bien connues. Elles sont d'ordre astronomique. Au cours de sa course autour du Soleil, la Terre reçoit de celui-ci une quantité d'énergie qui varie légèrement. Ces variations sont provoquées par sa distance changeante au Soleil, par l'inclinaison et l'orientation instables de l'axe de rotation de la Terre. Ces deux derniers facteurs influent sur l'angle avec lequel les rayons solaires touchent la surface terrestre et donc sur la quantité de chaleur reçue par chaque mètre carré de terre.

Au sein de ces successions d'épisodes glaciaires/interglaciaires, il existe des variations de deuxième ordre, moins intenses, plus courtes. Bien qu'elles soient bien représentées dans le dernier glaciaire dénommé « würm », elles existent également dans le dernier interglaciaire ou « holocène ». Nous aurons l'occasion d'évoquer ces dernières en parlant d'optimums climatiques romain, médiéval, du Petit Âge glaciaire. Les causes de ces variations restent mal connues. On invoque de faibles fluctuations de la quantité d'énergie transmise par le Soleil, comme si le moteur solaire avait des à-coups, des modifications des circulations océaniques, atmosphériques... De même, la cause du déclenchement de la glaciation est discutée. Pourquoi voici environ 2,5 millions d'années un inlandsis s'est-il installé sur le pôle Nord ? Certes le climat était globalement froid ; il faut se rappeler que la calotte antarctique existe depuis l'oligocène, il y a 35 millions d'années. Mais pourquoi il y a 2,5 millions d'années et pas avant ? La science n'a pas, pour l'instant, d'explication satisfaisante.

Ces variations du climat vont induire des modifications des températures, des volumes des précipitations, du niveau des mers. Des effets immédiats se font sentir sur la répartition des sols, sur les changements de végétation. C'est ce qui a conduit à l'avènement de l'agriculture au début de l'holocène, il y a 11 500 ans et que nous allons relater maintenant.

CHAPITRE II

L'aventure de l'homme agricole

ABONDANTE PAUVRETÉ

De mon enfance passée au Maroc, je garde le souvenir des odeurs et des sensations comme des stigmates indélébiles d'où sourd encore aujourd'hui un indicible bonheur. Je vivais dans l'espace du jardin de la maison où je suis né, mais aussi dans celui des terrains vagues attenants, dans la campagne, dans la forêt et son humus sec, dans les champs fleuris ou labourés, entouré de frères et de sœurs aînées, de copains de quartier, avec qui nous partagions les goûters de tranches de pain huilées recouvertes de sucre en poudre.

Les vacances ou les fins de semaine, nous nous entassions dans la camionnette Simca 1 000 ou dans la Skoda station wagon, que mon père partageait en alternance avec son associé, pour nous évader selon les saisons tantôt à la plage, tantôt dans la campagne ou dans la forêt bordant les oueds qui coulaient au nord de Casablanca. Ce jour-là, nous étions invités dans la propriété qu'un client de mon père possédait dans la campagne non loin du bord de mer.

Une ferme immense, blanchie à la chaux, éclatante sous le soleil. La bâtisse imposante reposait sur une colline et dominait la plaine au bout de laquelle l'océan offrait ses étendues libres au regard. Un des enfants de ce propriétaire terrien était dans ma classe.

La table était dressée dans le patio cimenté sous deux grands mûriers qui prêtaient leur ombre. Comme toujours dans ces occasions, une vingtaine de couverts étaient mis. On recevait en famille une autre famille. Et déjà le propriétaire tout faraud proposait une visite du lieu à mon père en attendant l'anisette traditionnelle et la « kémia », cette multitude de petits plats, qui l'accompagnait et dont je raffolais comme tous les enfants. Les jeunes garçons se joignirent à cette visite faite pour les hommes.

C'est vers le jardin et les champs situés de l'autre côté de la maison que le colon propriétaire nous entraîna. En traversant la cour intérieure puis le couloir qui nous y menait, je pouvais apercevoir par une porte entrebâillée l'intérieur d'une grande pièce où s'étalaient de somptueux tapis bariolés, contrastant avec l'éclat des « zelliges » et d'où un léger courant d'air frais s'échappait.

L'enceinte extérieure de la maison jouxtait celles de deux grands hangars dans lesquels stationnaient deux camions, deux tracteurs d'un rouge rutilant, mais aussi des tas d'outils impressionnants que je sus être plus tard des charrues bisocs, des semoirs, des herses, des rouleaux, des barres de coupe latérales et autres accessoires métalliques. Ces outils, trésor de la modernité, faisaient la fierté du propriétaire. Il nous emmena jusqu'au bout des hangars où d'un petit tertre nous embrassions d'un regard l'étendue de ses champs : de grands espaces occupés par des rangées d'orangers et de citronniers entre lesquels la terre était grattée de toute herbe inutile par une armée d'ouvriers courbés en deux. Au pied de chaque fruitier peint à la chaux blanche, une petite levée d'argile retenait l'eau d'irrigation conduite par un sillon creusé en continu le long de chaque rangée d'arbres. Ces plantations s'ouvraient à gauche sur d'immenses parcelles de terre bien travaillées et déjà emblavées d'où lèveraient bientôt les pousses de blé tendre.

D'où nous étions les bruits montaient de la plaine. Des aboiements de chiens mêlés à des cris d'enfants et des pépiements d'oiseaux. Des bruits de terre africaine. L'humidité de l'air du large avec son odeur de marée parvenait jusqu'à nous. En me retournant sur la droite pour admirer l'océan, j'aperçus à une dizaine de mètres en contre-bas un paysan marocain qui cultivait sa parcelle de terre rouge jonchée de petits cailloux calcaires blanchâtres. Le contraste était saisissant. L'homme était penché sur la glèbe, tenant fermement le mancheron de l'araire qui se prolongeait dans le sol par un soc en bois, le tout tiré par un âne dont les os saillaient sur les arrières de ses flancs. La pluie tombée ces derniers jours avait suffisamment ameubli la terre pour que des sillons peu profonds se dessinent sous l'effort, rejetant chaque motte de glaise rouge sur le côté du soc. Des sortes d'aigrettes blanches au long bec jaunâtre, qu'on appelait pic-bœufs, suivaient le fellah tout en picorant la terre fraîchement retournée, à la recherche de vers ou d'insectes. Cette terre fertile et souple, qu'on appelait « hamri », était commune ici. Et l'âne résigné était à l'œuvre pour transformer le champ dénudé en un magnifique jardin d'orge ou de blé dur.

Le paysan était chaussé de sandales et portait un pantalon bouffant qui s'arrêtait aux chevilles rougies de terre. La tête enturbannée d'un chèche blanc, il portait une veste européenne élimée, fermée au bas du revers par une épingle à nourrice. Le champ aux dimensions réduites qu'il travaillait était enclos d'une barrière de figuiers de barbarie dont les raquettes aux épines acérées auraient découragé toute intrusion. À proximité du champ cultivé, trois « noualas » étaient regroupées. C'étaient des huttes circulaires à la base constituée d'un petit muret en ciment chaulé interrompu par un accès, et sur lequel reposait un toit conique fait de branchages, de tiges de roseaux, de jonc. Elles servaient d'habitation et de grenier à la famille du paysan.

Deux femmes s'y affairaient dans leurs vêtements traditionnels. Les cheveux pris dans un foulard coloré, noué au-dessus du front, elles étaient accroupies sur leurs talons autour d'un brasero en terre cuite, le « canoun », rempli de braises de charbon de bois, qu'elles ravivaient en remuant prestement de la main un morceau de carton. Sur le feu reposait une marmite noircie à sa base et fumante, annonçant l'heure prochaine du repas. Il devait aussi y avoir cinq ou six enfants qui s'agitaient dans tous les sens en gazouillant comme des moineaux. Des poules maigrelettes s'éparpillaient à chacun de leur passage, puis reprenaient leurs picorements. Quelques chèvres serrées les unes contre les autres profitaient de l'ombre parfumée d'un figuier.

À quelques mètres de là, un petit carré de terre soigneusement binée servait à faire pousser de la coriandre, de la menthe et certainement des plantes tinctoriales comme le henné. Au fond de cette « propriété », dont le paysan ne devait en fait recevoir qu'une partie du revenu de la récolte, poussaient au milieu d'une végétation désordonnée quelques touffes de palmiers nains, les doums, dont les feuilles effilées servaient de liens aux bouquets de menthe, d'asperges sauvages ou de narcisses embaumés vendus selon les saisons par les enfants le long des routes.

Là où le regard portait, au-delà des immenses terres parfaitement travaillées du colon, d'autres petits champs de sol rouge se disposaient dans tous les sens, enclos des mêmes figuiers de barbarie au milieu desquels jaillissaient parfois deux ou trois plants d'agave aux larges feuilles rigides et pointues et dont la haute hampe florale se dressait comme un chandelier de fleurs vert et jaune. Ces petites parcelles aux labours irréguliers étaient des îlots d'espoir pour tous ces paysans pauvres que la colonisation européenne avait oubliés.

J'étais fasciné par ces enfants si pauvres et pourtant si joyeux, dont le goût de vivre venait de l'air et de l'espace de cette campagne. Mon père était le seul du groupe à s'être tourné pour regarder la famille de paysans marocains. Il m'en a reparlé quelques années plus tard avec une évidente tristesse car il avait perçu à cet instant la menace discrète, mais imminente de la fin d'une époque d'abus et d'inconscience : « Ça ne pouvait pas durer ainsi. » Pour l'heure, il passait dans mes cheveux sa main aux doigts jaunis par la nicotine, se penchant et m'embrassant silencieusement sur le front pour respecter sans doute mon émotion d'enfant qu'il avait su deviner.

Ce dimanche, j'avais eu la vision de deux agricultures, l'une mécanisée et très productive d'un riche colon et l'autre si simplement traditionnelle, si fruste, et si pauvre, qu'elle en était une agriculture de survie. Ce double rythme de vie était le signe annonciateur des révoltes qui se firent jour au Maroc moins d'un an après notre visite dans la campagne.

Plus tard, dans ma vie de jeune adulte, ces souvenirs ont ressurgi, sortes de miroir où je surprenais ma propre image. Un peu tard, car déjà ce monde avait craqué et changé. Mais il reste ailleurs et encore dans de nombreux autres pays, des îlots en marge du progrès agricole. Comment ces oubliés peuvent-ils survivre ? Il nous faut relire l'histoire de l'homme agricole pour saisir la signification de la persistance de telles situations.

L'agriculture, à l'image des sociétés, s'est construite par à-coups, tributaire des ruptures climatiques et du génie d'adaptation des hommes. En ce sens, les régions du monde sont inégales. C'est ce que j'ai voulu esquisser dans les pages qui suivent. Elles permettent de comprendre pourquoi l'agriculture en est arrivée à un point où il faut désormais qu'elle prenne un nouveau visage.

LA FIN DE L'ÈRE GLACIAIRE
ET LE BOULEVERSEMENT DE L'ÉCOSYSTÈME

Il y a 20 000 ans, le temps pléistocène touchait à sa fin. La période froide avait permis, sur les continents des latitudes septentrionales, l'emprisonnement d'eau sous forme de glaces, entraînant une baisse du niveau des mers à moins 120 ou 130 mètres environ par rapport au niveau actuel. À cette époque, les fleuves qui coulaient plus au sud, dans les régions non couvertes de glaces, avaient creusé leur lit dans la roche, profondément, et sur une grande partie de leur cours. Les gorges et les canyons étaient légion, l'érosion linéaire, forte et tumultueuse.

La calotte glaciaire, qui couvrait l'Europe du Nord, commençait à fondre. La Manche n'était pas encore une mer séparant l'Angleterre de la France, mais un fleuve important dont l'histoire a débuté à ce moment, alimenté par le dégel et un bassin-versant qui s'étendait très à l'est sur le continent européen, collectant les eaux de la Tamise, du Rhin, de l'Elbe, de la Meuse, de la Somme, de la Weser... Le fleuve Manche se jetait dans le golfe de Gascogne, et non comme on avait pu le croire dans la mer du Nord[(75)*]. L'analyse d'indicateurs géochimiques contenus dans les sédiments prélevés dans ce golfe vient en attester. Un fleuve aussi gigantesque, par le volume d'eaux douces et froides qu'il rejetait dans l'océan a dû induire une modification sur la circulation des courants de l'Atlantique Nord aussi bien en surface qu'en profondeur. Ce fleuve semble avoir fonctionné jusqu'à la fusion partielle de la calotte de glace qui recouvrait une grande partie de l'Amérique du Nord voici 17 000 ans. Avec le début de la débâcle, le retour des eaux de fonte à la mer

* Les numéros entre parenthèses renvoient à la bibliographie page 251.

entraînait une remontée de leur niveau. L'époque fluviale de la Manche se terminait pour devenir une mer.

Dans les dernières morsures de la glaciation du würm, alors que les glaces emprisonnaient toujours la majeure partie septentrionale de l'Amérique, l'Europe du Nord s'ouvrait sur d'autres temps. Les hommes vivaient encore dans des grottes ou sous des tentes en peau, dans des clairières ou en hauteur sur des plateaux, à la lisière supérieure des forêts de bouleaux ou de sapins plutôt que dans la profondeur des vallées ombragées et humides où l'on se déplaçait difficilement. Ils chassaient le renne, utilisaient des barques pour pêcher dans des lacs à proximité, les hivers étaient encore rudes et froids.

Mais le paysage autour d'eux évoluait vite. Le recul des rivages, la modification de la végétation, les transferts d'animaux sauvages qui ont accompagné le réchauffement du climat ont eu des conséquences directes sur les mouvements migratoires des humains. La végétation froide s'installait en altitude, là où les glaciers reculaient. Les plaines étaient colonisées par les noisetiers puis par les chênes, les ormes et les tilleuls ; les aulnes poussaient désormais dans les marais et en bordure des rivières. Dans ces bois, une vie nouvelle d'insectes et d'oiseaux explosait, suivie par l'arrivée de plus gros gibiers. Les hommes suivirent cette évolution, adoptèrent un nouveau mode de vie et découvrirent les vertus nutritives des graminées qui envahirent les clairières au cours des étés plus chauds et plus longs.

À cette époque, l'homme est déjà présent sur l'ensemble des continents. Tout est en place pour que l'*Homo sapiens* se lance dans la conquête de la Terre. Car la planète est au seuil d'un grand bouleversement climatique et écologique dont il va intelligemment tirer parti. Les forêts s'étendent, la végétation apparaît là où il n'y avait que glace et neige, l'homme s'adapte à ces nouveaux paysages, à une écologie changeante car la faune, avant lui, suit sa nourriture et donc la modification de la répartition des forêts, des steppes et des points d'eau. Il confectionne de nouveaux outils et spécialise ses armes pour intensifier la prédation de gros gibiers. Et déjà, en Europe, par une chasse intensive, des espèces comme le cheval et le bison sont considérablement réduites ou décimées, comme le mammouth au nord et le rhinocéros au sud[(74)].

Le réchauffement global progressif de la planète connaît une phase de ralentissement entre 13 000 et 12 000 ans (période dite du « dryas récent ») où le froid réapparaît, le temps de reconstituer les glaciers ou du moins d'arrêter la débâcle. Mais le réchauffement reprend de plus belle avec une phase d'accélération de la remontée du niveau marin[(9)(60)]. Voici 11 500 ans, le monde entre définitivement dans l'interglaciaire, c'est la période holocène. L'homme s'apprête à découvrir l'agriculture.

LA NAISSANCE DE L'AGRICULTURE

Dans l'Est méditerranéen, les événements se précipitèrent voici environ 11 000 ans. Bien qu'éloignées des calottes polaires, ces régions n'en furent pas moins touchées par le réchauffement global et la remontée concomitante du niveau de la Méditerranée et de l'océan Indien. Ce sont là deux modifications drastiques du milieu naturel qui sont à l'origine du bouleversement que l'humanité va connaître et qui va modifier son destin à tout jamais. Car, dans les trois millénaires qui précèdent, le niveau des mers est remonté de plus de 40 mètres.

Jusque-là, dans les monts Zagros, en bordure de la Turquie, de la Syrie, de l'Irak et de l'Iran, les hommes s'abritaient dans des grottes, le gibier essentiellement constitué de moutons et chèvres sauvages, abondait dans ces montagnes. Les céréales consommées par les hommes poussaient dans les vallées humides et sur les plateaux, au pied des reliefs. Les hommes y descendaient pour les ramasser. Chasseurs-cueilleurs, ils disposaient de suffisamment de nourriture, car les plantes sauvages abondaient en nombre d'espèces et de variétés. L'orge, le seigle, le blé amidonnier, l'engrain ou le petit épeautre constituaient des céréales très nutritives pour les hommes et les animaux sauvages[31][51][74]. Cette alimentation se complétait tout naturellement de légumineuses, riches en protéines, avec les lentilles, les petits pois, les pois chiches. Et puis, il y avait aussi la cueillette de figues, d'amandes, de pistaches. Les gibiers chassés étaient tout aussi abondants : mouflons, chèvres sauvages, sangliers, cerfs, gazelles, onagres, aurochs, lapins, lièvres, oiseaux... Déjà, ces hommes étaient aptes à distinguer les différents goûts et les végétaux les plus nourrissants et les plus faciles à glaner. En toute vraisemblance, ils connaissaient implicitement les graines qui leur convenaient le mieux.

Avec la modification rapide du milieu, notamment la remontée rapide du niveau des mers et donc l'accumulation des limons fertiles, les terrasses des vallées étroites et les sédiments des plaines humides apparaissent comme des cornes d'abondance auprès desquelles les hommes sont venus s'installer. Ils emportèrent avec eux des mouflons et des chèvres, point cardinal de leur régime alimentaire[60].

C'est vraisemblablement parce qu'ils étaient nourris convenablement par une nature généreuse, que ces hommes ont pu « inventer » l'agriculture. Et cela ne changera guère au cours de l'histoire de l'humanité qui suivra : les peuples qui n'ont plus à se soucier de leur nourriture deviennent créatifs. Ils se multiplient aussi.

Le passage de la prédation à l'agriculture n'a pas été instantané et ubiquiste. On estime que la mise en culture des espèces végétales sauvages a été progressive. Durant un millier d'années, la transition entre les deux formes d'alimentation se fait très lentement, en favorisant la culture des espèces et des variétés les plus intéressantes, l'engrain et l'amidonnier en premier, puis les lentilles, les pois, le seigle et l'orge. La récolte du blé sauvage se pratique avant sa complète maturation, pour éviter que les grains ne se répandent sur le sol lors de sa cueillette. Ce faisant, on ne peut pas repérer les épis mutants qui ont la propriété d'avoir des grains bien accrochés à leur axe central. « La sélection de la variété présentant cet avantage n'en sera que plus longue. Ainsi, pendant près d'un millénaire, formes sauvages et domestiquées coexistent toutes deux dans l'alimentation[(67)]. »

Les échanges de gènes sont constants entre plantes « cousines », entre variétés. C'est un des fondements de l'évolution. Dès que l'homme accapare une espèce sauvage, en choisissant les plantes et les grains qui lui conviennent le mieux, il introduit des modifications morphologiques majeures, traduites par une simple mutation du code génétique d'un chromosome. Bien plus, par sa sélection, il diminue la diversité génétique de l'espèce originelle sauvage, la rendant plus vulnérable aux pathogènes et aux changements de climat. La persistance prolongée d'espèces apparentées sauvages à proximité de celles cultivées a permis des croisements continus et aléatoires de gènes permettant aux plantes domestiquées de s'enrichir sans cesse de caractères de résistance qu'avaient acquis les plantes mères sauvages. L'amélioration des cultures fut ainsi assurée grâce à l'adaptation de résistances aux organismes ravageurs, maladies, et changements des conditions climatiques.

De là sont apparues de nouvelles variétés cultivées de céréales. L'agriculteur néolithique a, pour sa part, récolté des grains pour assurer les emblavures de l'année suivante. Inconsciemment ou pas, il a choisi les grains les plus gros, les plus faciles à conserver. Un discernement du bon grain qui est à l'origine du processus de sélection des semences.

LE PREMIER AGRICULTEUR EST UNE FEMME

À partir de ce moment, l'homme impose ses conditions et permet à une diversité prodigieuse de variétés de plantes cultivées de se répandre et de s'adapter aux goûts des consommateurs néolithiques et aux conditions de milieu. La production augmente, permettant aux agriculteurs de croître en nombre. Et tout cela n'a été possible que parce que les espèces sauvages et leurs parents cultivés poussaient ensemble.

Durant cette période transitoire, la chasse est toujours dévolue aux hommes. C'est donc vraisemblablement les femmes qui deviennent les premiers agriculteurs. Progressivement, les tribus familiales se sédentarisent autour des terres fertiles et humides et, avec les balbutiements de l'agriculture, elles se multiplient, les villages s'étoffent. Ils ont, depuis le début de leur sédentarisation, des moutons et des chèvres, mais ce n'est qu'après, voici presque 8 500 ans, que les premiers animaux de rente sont systématiquement domestiqués : les ongulés[(74)]. Avec leur domestication, les peuples s'assurent l'accès régulier à la viande, au lait, au cuir, à la laine, aux excréments servant de fumure. L'appropriation et le contrôle par l'homme d'espèces animales représentent une étape essentielle dans son histoire. Le mutualisme entre homme, animal et plantes nutritives est le début d'une modification de la physiologie, de la morphologie et des comportements de toutes ces espèces, homme inclus. L'homme a changé leur vie et elles ont changé en retour la vie de l'homme, jusque dans ses rêves, ses mythes et sa culture[(8)].

LE CROISSANT FERTILE :
UN TRIANGLE DE RICHESSES

C'est entre 12 000 et 11 000 ans avant aujourd'hui qu'au Moyen-Orient débute la révolution néolithique. La pierre est polie, de nouveaux outils et de nouveaux usages apparaissent. En même temps les habitations durables, les poteries, sortent de terre. Les prémices de l'agriculture naissent dans les jardins puis dans les premiers labours. À partir de là, et partout où les sols existent et où les conditions du réchauffement climatique de l'époque le permettent, les hommes vont se multiplier.

Le Croissant fertile s'étendait le long de la vallée du Jourdain, au Liban, dans le nord de la Syrie, et rejoignait les hautes vallées de l'Euphrate, du Tigre et les monts Zagros, surplombant les plaines de Mésopotamie. Il se situait en quelque sorte au point de rencontre de l'Europe, de l'Asie et de l'Afrique.

C'est là que les populations ont domestiqué les plantes locales beaucoup plus tôt, parce que ce premier centre de production alimentaire réunissait à la fois la plus grande diversité de plantes comestibles, les plus caloriques, les plus abondantes, mais aussi la plus grande diversité de grands mammifères sauvages pouvant être domestiqués. C'est donc là que les pratiques agricoles ont pu s'ancrer puis de là qu'elles ont pu rayonner avec succès et pour le plus grand bénéfice des populations qui s'y adaptèrent. Parmi les douze grandes cultures du monde moderne, cinq (le blé, l'orge, le pois, le pois chiche, la lentille) sont issues du Croissant fertile, de même que sur cinq espèces de mammifères de rente les plus domestiquées, quatre (chèvres, moutons, porcs et vaches) proviennent de ce foyer d'origine(31). On peut se poser néanmoins une question simple qui n'est que trop rarement abordée. Pourquoi ici et pourquoi il y a environ 11 000 ans ?

Le climat change brusquement et rapidement, permettant à l'humidité de revenir après une très longue période de froid et de sécheresse. On estime que, grâce au réchauffement, cette région a pu recevoir 30 à 40 % de précipitations en plus de ce qu'elle recevait pendant la période glaciaire. Mais le réchauffement climatique se traduit également par une remontée du niveau des mers et des océans.

Les eaux du golfe Persique et de la Méditerranée gagnent sur les plaines, les rivages reculent. La remontée rapide du niveau des mers, en moins de quatre millénaires, force les fleuves impétueux à ralentir leur débit, à remblayer leurs rives. Les sédiments les plus fins des sols, jusque-là entraînés dans la mer par la force du ruissellement et de l'érosion fluviale, restent sur les continents. À l'amont, près des montagnes, le remblaiement alluvionnaire se traduit par l'édification de terrasses inondables, édifiées le long des vallées hautes des rivières et des fleuves, car le niveau de la mer au débouché des fleuves ne cesse de remonter. Dans ces terres fraîches, saisonnièrement humides, les hommes apprennent à cultiver l'orge et les différentes espèces de blé qu'ils cueillaient jusque-là. L'affinement et le grand nombre des outils pour moudre, la présence de grains à des endroits où ni la terre ni le climat ne laissent penser qu'ils auraient pu y pousser à l'état sauvage sont autant d'éléments qui permettent de penser que leur culture par l'homme commence à cette période. Cinquante ou cent ans après le changement du milieu, les hommes semblent adaptés à leur nouveau mode de vie[60].

Dans les plaines, les cours d'eau apprennent à prendre leur temps et paressent en méandres. Ils étalent leurs limons. Les nappes et les aquifères s'installent de façon pérenne dans les bassins. Les vallées comblées sont fertiles. Les hommes y installent leurs premières sociétés agraires, et il s'agit là d'une étape irréversible pour l'humanité.

Avec ses végétaux, ses animaux et ses hommes, la région du Croissant fertile portait les promesses de l'agriculture. Il a fallu attendre que le réchauffement climatique survienne pour changer le destin de l'humanité. La douceur méditerranéenne, si elle s'accompagne de suffisamment d'eau et de sols enrichis en argiles, qui portent les nutriments indispensables à la profusion d'espèces et de variétés de plantes sauvages de qualité, constitue un milieu très favorable au développement de populations d'agriculteurs. C'est donc une conjonction de richesses, entre le radoucissement climatique, les terres argileuses fertiles, et l'abondance de plantes disponibles hautement nutritives qui est à l'origine de l'aventure de l'homme agriculteur du Moyen-Orient.

Le foyer du Croissant fertile fut de loin le plus ancien et le plus marquant. Il a commencé voici 11 500 ans, et il est sûrement celui qui a le plus diffusé au fil du temps à travers l'Europe, l'Asie et l'Afrique, mais convenons qu'il a été aussi un des plus étudiés et que peut-être d'autres découvertes, dans d'autres régions du monde, viendront rafraîchir l'état des connaissances sur les premiers foyers de production alimentaire.

LES AUTRES FOYERS AGRICOLES

Le réchauffement de la période postglaciaire est global, c'est-à-dire qu'il intéresse le monde dans sa totalité. On pourrait donc s'attendre à ce que l'invention de l'agriculture soit synchrone dans plusieurs endroits du monde à la fois. Dans l'état des connaissances actuelles, il semble que ce ne soit pas le cas. Les régions du monde où des groupes humains sont passés de la prédation à l'agriculture sont à l'origine peu nombreuses, pas très étendues, très éloignées géographiquement les unes des autres et décalées dans le temps. On compterait plusieurs centres d'origine de domestication des aliments, entre cinq et neuf. Mais rien n'est moins sûr, car les auteurs semblent se contredire à la fois sur la datation de ces centres et sur leur localisation exacte. Laissons faire la recherche et n'évoquons que les trois foyers d'origine majeurs et grossièrement successifs à celui du Croissant fertile, à deux ou trois millénaires près[74].

Le foyer chinois se serait développé voici 9 000 à 8 500 ans dans le Henan, sur les hautes terrasses du fleuve Jaune. Le petit mil, le millet commun, quelques légumes (chou, navet), la ramie, le mûrier participent d'une production agricole assez limitée ; on peut penser aussi que la poule, le porc, certains cervidés et le bœuf y ont été domestiqués. En s'étendant plus tardivement vers l'est sur les basses vallées des fleuves Jaune et Bleu ces cultures s'enrichissent du riz venu du sud-est puis du soja venu du nord-est[10].

Le foyer d'Amérique centrale, au sud du Mexique, se serait constitué progressivement entre 9000 et 4000 avant aujourd'hui. Tout d'abord par des agriculteurs saisonniers qui pratiquaient la culture du piment, de la courge, de la citrouille, puis plus tard du maïs issu progressivement de la téosinte, et enfin du haricot. Ces populations devaient connaître aussi l'avocat. Les seuls animaux domestiqués furent le dindon et le canard de barbarie.

Les cultures et l'élevage dans ces différents foyers d'origine aux trois coins du monde n'étaient pas également productifs et divergeaient par leur vivier d'espèces disponibles.

LES PREMIÈRES INNOVATIONS ET LE TEMPS DE LA CONQUÊTE

L'homme n'est pas né agriculteur. Il le devient en apprivoisant et en transformant la nature de façon extraordinairement variée selon le milieu et les animaux qui l'entourent. L'intelligence de l'homme, où qu'il soit, est prête à assujettir le monde vivant qui l'entoure et à produire des aliments en quantité suffisante pour se multiplier. Un chamboulement sans précédent pour l'homme néolithique qui induit un mode de vie nouveau, une profonde structuration des sociétés agraires qu'il construit comme l'attestent les modifications intervenues dans l'habitat et l'art.

L'exploitation du sol devient le véritable point de départ du monde du travail. L'homme s'attache à son champ, il se sédentarise, se multiplie et apprend à mieux communiquer avec ses semblables. Il a besoin de transmettre son nouveau savoir-faire. Il opère par l'exemple mais aussi par le langage. Avec ces premières sociétés agraires seraient apparues les grandes familles de langues mères, soubassement des langues modernes, une hypothèse de plus en plus partagée(12).

Avec la naissance de l'agriculture, l'homme néolithique franchit une étape décisive. Non seulement il assure la survie de son espèce, mais il se multiplie et modifie profondément sa culture et son lien à la société. La population des villages se décuple, les petites maisons rondes s'agrandissent en bâtisses quadrangulaires, la division du travail et la répartition des récoltes s'organisent, la société se hiérarchise. Le paysan naît de la collecte des récoltes et la femme est asservie à de nouvelles tâches.

Les premières cultures sont rythmées par le balancement entre crues et décrues, mais rapidement l'homme invente l'irrigation et porte l'eau au plus loin des rives fertiles pour que la fécondité des terres s'exprime. Avec le développement de la démographie, les terres ne suffisent plus. Trois millénaires après la domestication des premiers épis de céréales, l'homme invente l'irrigation pour porter encore plus loin la germination des plantes cultivées. Les plus anciennes traces d'irrigation apparaissent, là encore, sur les piedmonts du Zagros, dans le Croissant fertile.

Pour puiser l'eau fluviale, il invente, tout d'abord à l'aide de bois écotés, des systèmes de levier et de contrepoids qui élèvent l'eau et la versent dans des rigoles ou canaux. Elle y court le long de la pente jusqu'au sol desséché pour assouvir la soif des graines plantées.

Et l'homme met au point des techniques de plus en plus rentables lui permettant d'irriguer avec plus d'eau et en continu comme l'exige la prolifération des champs à cultiver. Il va même jusqu'à substituer à sa peine celle d'un animal domestiqué. C'est ainsi qu'apparaît, fixée à un axe en bois, la roue verticale à godets qui plongent dans l'eau de la rivière et la versent à intervalles réguliers dans le fossé creusé à même la terre. La roue, appelée « noria », est entraînée par le fil de la rivière ou par un animal qui tourne en rond. L'eau tirée en quantité et régulièrement ne se volatilise pas entièrement et peut atteindre les cultures et détremper le sol. Nombre de petits paysans utilisent encore de nos jours ces méthodes ancestrales d'irrigation.

L'eau apportée en complément aux terres éloignées permet de les mettre en culture. La nourriture qui en est produite profite aux hommes qui s'accroissent. Et l'humanité qui atteint une masse critique peut désormais, par automultiplication, assurer sa survie. Mais l'homme est inventif, et la terre encore grosse de ressources. Et c'est là que réside l'espérance en des lendemains meilleurs. Il faut lui demander plus à chaque saison et si celle-ci a été mauvaise à la suite de trop de pluie, de trop de froid ou d'une sécheresse tenace, alors il faut anticiper, prévoir des réserves de grains et de foin, imaginer et créer des moyens de stocker, des techniques pour produire plus. Avec l'argile de la terre, l'homme confectionne des poteries pour conserver grains et nourriture ; mélangée à la paille, elle fournit la brique et permet de construire des greniers. Les outils servant à retourner la terre se perfectionnent.

L'OPTIMUM CLIMATIQUE HOLOCÈNE

Le Sahara porte les stigmates de la période postglaciaire. Mais, là, aux indicateurs climatiques trouvés dans les sédiments lacustres, s'ajoutent les gravures et peintures rupestres des hommes néolithiques qui nous renseignent sur leur mode de vie. Les datations au radiocarbone et les outils trouvés à proximité indiquent que les premiers dessins de faunes laissés par des chasseurs remonteraient à – 7 000 à – 8 000 ans. Ce sont des éléphants, des rhinocéros, des buffles, des hippopotames, des crocodiles, des girafes, des antilopes. Cette vie dénote d'un Sahara humide, avec de nombreux lacs et points d'eau. Le lac Tchad était une mer intérieure et les lacs du rift est-africain devaient avoir un niveau d'eau plus haut de quelques dizaines de mètres que l'actuel[(60)]. La vallée du Nil était florissante par la végétation, par la faune et ses cultures menées sur les limons humides abandonnés après chaque crue du fleuve. C'est l'époque où les Égyptiens inventent le calendrier, pour pouvoir fixer dans le temps cette crue qui est la richesse du pays. Et cette époque d'abondance dans les domaines de l'agriculture, de la chasse, de la pêche et de l'élevage des troupeaux de bétail se serait poursuivie jusque vers 5000 avant aujourd'hui.

Ce qu'on appelle désormais l'optimum climatique de l'holocène, culminant il y a environ 6 000 ans, a eu un caractère global. En comparant cette période à celle que nous vivons, on montre que les paramètres climatiques étaient assez différents de l'actuel. L'insolation d'été surpassait celle que nous subissons de nos jours et la température moyenne de l'air était de 1 à 3 °C plus élevée. Par retrait des calottes installées au pôle Nord, toute trace du dernier épisode glaciaire avait disparu. Seules des reliques historiques apparaîtront plus tard à l'analyse de scientifiques alertes. La montée du niveau général des mers a atteint son paroxysme à l'optimum climatique de l'holocène en étant de 1 à 2 mètres au-dessus du niveau actuel. La fonte des glaces s'est terminée voici environ 4 000 ans. Entendre dire dans les débats actuels que l'humanité n'a jamais connu au cours de son histoire de telles élévations de température que celle que nous connaissons au début du XXIe siècle relève donc de l'ignorance de centaines de travaux scientifiques ; et, lorsque cette affirmation est portée par quelques scientifiques eux-mêmes, elle a la vertu de nous faire toucher du doigt que leur extrême spécialisation dans un domaine précis ne leur permet pas d'embrasser l'ensemble des phénomènes qui régissent la marche historique de notre planète ! Les hommes modernes, nos ancêtres, auront donc déjà été confrontés à un niveau marin plus élevé et à des températures supérieures.

La teneur en gaz carbonique de l'atmosphère avoisinait celle qui prévalait juste avant la révolution industrielle, et comme le signale Joël Guiot, la végétation tempérée connaissait alors son extension maximale vers le nord (signe d'étés plus chauds) et les forêts décidues, peu à l'aise dans les climats très continentaux, s'étendaient en Europe nettement plus à l'est, indiquant que les hivers étaient plus cléments que maintenant. Au sud de l'Europe, la végétation méditerranéenne était de nature moins aride que l'actuelle, signe d'étés moins secs et plus froids. En Afrique, comme en Inde et dans le Sud-Est asiatique, la mousson s'était intensifiée significativement (avec comme conséquence des forêts humides plus largement étendues) et une remontée des zones pluvieuses vers le nord permettant une invasion du Sahara par une végétation steppique(45). Pour cette raison, le nom de « Sahara vert » lui a été donné.

LA DIFFUSION DES SAVOIRS

En portant les cultures au plus loin, l'homme transmet de proche en proche son savoir et ses innovations techniques. À partir des foyers originels, il rayonne pas à pas en gagnant sur d'autres territoires, d'autres peuples qu'il soumet par la supériorité de son savoir-faire. C'est ainsi qu'en deux ou trois millénaires, se diffuse la révolution agricole. Du Proche-Orient, le savoir passe aux rives occidentales de la Méditerranée, puis à l'Europe centrale et enfin à l'Europe du Nord-Ouest en même temps qu'il pénètre vers l'est pour atteindre l'Inde et, en évitant la grande forêt équatoriale, l'Afrique centrale[74]. De Chine, où elle était confinée à la moyenne vallée du fleuve Jaune, l'agriculture progresse jusqu'au fleuve Bleu, puis atteint au fil des millénaires la Mandchourie, la Corée, le Japon, l'Asie centrale et l'Inde où elle rencontre l'agriculture d'origine proche-orientale. Sur le continent américain, à partir du Mexique, elle gagne à la fois au sud et au nord.

Au fur et à mesure de son extension, l'agriculture se métisse des savoir-faire locaux, s'adapte aux mœurs, aux climats, aux animaux rencontrés. Elle s'enrichit de céréales, de tubercules, de fruits nouveaux ; les outils s'améliorent, les techniques s'affinent. Lentement le monde change, les champs se couvrent de végétaux domestiqués nouveaux. Ainsi, le foyer agricole chinois qui a diffusé vers l'est est rattrapé dans le même temps par le savoir-faire venant du Proche-Orient. Les céréales du Croissant fertile, notamment le blé et l'orge, portées par des populations indo-européennes atteignent la Chine du Nord et, à travers le corridor du Hexi, le fleuve Jaune puis la Corée[10]. Les traces de production chinoise de ces céréales sont désormais datées du tout début du quatrième millénaire avant le présent[39].

À l'époque du Christ, les céréales originaires du Croissant fertile s'étendaient depuis l'Irlande jusqu'au Japon sur près de 16 000 kilomètres[31]. La diffusion de la domestication des plantes puis des animaux s'est réalisée de proche en proche, de village en village, le long des vallées et des plaines, à la vitesse moyenne de quelques kilomètres à une quinzaine de kilomètres par an. Bien des coins du monde et leurs populations attendront plus longtemps. Et pourtant ils subirent tout autant les bienfaits de la débâcle holocène.

Mais revenons quelques instants à l'Occident où l'évolution des événements a été plus lente.

PATIENCE ! LA TERRE DES PAYS FROIDS SE RECONSTITUE

Partie de régions du monde où la rudesse des longs hivers n'avait que peu d'emprise sur les hommes et pas d'incidence directe sur les sols, l'agriculture naît dès que l'air se charge d'un peu plus d'humidité et que la fréquence ou l'abondance des précipitations permettent à la terre d'être travaillée et au grain de germer. En revanche, dans d'autres régions plus septentrionales, il faut patienter et attendre que les hivers soient moins longs et que les pluies d'été aident le sol à se reconstituer d'argile et de nutriments.

Le premier changement, dans les continents des hautes latitudes de l'hémisphère Nord, a été le retour des eaux fondues aux océans avec une remontée de leur niveau global. En même temps, soulagés du poids de leur très épaisse calotte de glace qui les écrasait, ces terres ont rebondi en s'élevant progressivement. Par exemple, la Scandinavie où était centrée la calotte glaciaire s'est élevée de près de 300 mètres et gagne encore près d'un mètre par siècle. Dans la région de la Baltique en Écosse, dans la baie de l'Hudson, là où le poids de la glace était le plus important, la remontée du niveau de la mer était si rapide qu'il surpassait la montée par relaxation des terres.

Les minces rubans que constituaient les sols dans l'Europe septentrionale frigorifiée ont dû être éliminés comme de simples copeaux de terre sous l'avancée des glaciers, rabotant jusqu'à la roche dure sur laquelle d'ailleurs ils ont pu laisser de profondes rayures. Les sols qui avaient pu en réchapper ont été extirpés lors de la débâcle et de l'énorme érosion fluviale qu'elle a engendrée. Les glaciers fondus, les sols de ces régions ont eu à se reconstituer sous l'effet de l'eau de pluie.

Et cela a pris du temps, beaucoup de temps puisqu'on sait que l'altération des roches dures en argile ne progresse que de quelques millimètres à quelques dizaines de millimètres par millénaire, permettant à une végétation de s'y installer. La végétation en se dégradant en acides organiques dans l'eau de pluie aura permis de décupler la vitesse d'altération des roches. Mais, quoi qu'il en soit, plusieurs millénaires restent nécessaires à la différenciation d'un sol fécond, capable d'être cultivé par l'homme et de produire. C'est pourquoi tout montre que c'est autour de régions plus clémentes que l'attention de l'homme s'est portée pour inventer l'agriculture.

Il faut donc attendre l'optimum climatique holocène et que les sols soient suffisamment épais et fertiles pour observer la pénétration, puis la généralisation, de l'agriculture en Europe. C'est à cette époque, il y a 6 000 ans, que les premières cultures de blé apparaissent en France. Même avec un climat plus clément que de nos jours, le blé venu du Croissant fertile a dû s'adapter aux terres de l'Europe du Nord, plus humides et plus fraîches, portant des maladies et des insectes différents. Il est évident, que des réarrangements du génome du blé se sont à nouveau produits au contact de ces nouvelles conditions.

L'ÉCLOSION DU MONDE HISTORIQUE

La période de réchauffement dite de l'optimum holocène, marque une transition majeure pour l'humanité. Avec un décalage d'un demi-siècle au moins sur l'évolution climatique et la redistribution des ressources naturelles, les hommes se sont adaptés à un nouveau style de vie. Et la première grande nappe de peuplement humain va se développer. Désormais, dans des conditions plus clémentes à son épanouissement, l'homme ne court plus après sa nourriture. Installé dans les prairies humides à la lisière des forêts ou en bordure des fleuves abondamment alimentées en limons fertiles, il fend le sol et sème. Il invente les outils de production. L'agriculture productrice surgit des premières sociétés agraires. À partir de là, le monde ne sera plus le même, l'humanité naissante s'en empare.

Les glaces qui occupaient encore le nord de l'Amérique ont fondu, marquant la fin d'une lente débâcle. Les masses d'eau douce et froide qui, par ricochet, s'engloutissent dans les océans septentrionaux ne seront pas sans effets sur la suite de l'évolution climatique. Bien que l'enchaînement des mécanismes soit mal connu, tout porte à croire que la circulation des courants marins aurait dû être affectée et modifier la répartition des températures, des vents, des masses d'eau évaporées, etc. En quelque sorte, des rétroactions au réchauffement de l'optimum holocène sembleraient à l'origine d'une période froide qui lui succède. Cette dernière induit une aridification de régions entières de l'hémisphère Nord, notamment en Afrique et au Moyen-Orient, autour de 4 800 à 5 000 ans avant J.-C. Cet événement climatique semble global à en juger par la descente de la limite supérieure des forêts d'altitude dans les montagnes de l'Alaska, des Andes ou du Kenya, par le changement de composition des espèces d'arbres des forêts d'Europe et d'Amérique du Nord entre le Wisconsin et la Nouvelle-Angleterre mais aussi par l'avancée significative des glaciers alpins[40][60]. Cet épisode ne durera que quelques siècles, quatre tout au plus, mais il se situe à une époque cruciale pour le développement naissant des civilisations.

L'extension soudaine des zones désertiques en Afrique, au Moyen-Orient, en Inde et même en Chine et avec elle la raréfaction du gibier et l'assèchement du sol poussent les hommes à migrer et à se regrouper autour des grands fleuves ou de leur delta, là où le blé et l'orge lèvent toujours et où les troupeaux trouvent à pâturer. C'est la chance de la vallée du Nil, des basses vallées du Tigre et de l'Euphrate, de la vallée de l'Indus, de la Chine septentrionale, de la Méso-Amérique où les hommes se regroupent en grands centres sociétaux s'organisant autour de la culture du sol et de l'élevage. C'est à ce moment précis que, pour l'homme, la préhistoire prend fin et qu'il entre en l'écrivant, dans l'histoire.

De tous ces lieux, où l'abondance subsiste, essaimeront les civilisations dès que le réchauffement reprendra avec probablement une légère remontée du niveau des mers qui retrouve voici 4 000 ans pratiquement le niveau atteint à l'optimum holocène.

Le niveau de la mer étant au plus haut, c'est l'époque que choisit le pharaon Sésostris Ier pour creuser le premier canal qui reliait la Méditerranée à la mer Rouge(60).

À partir de là, avec de nombreuses oscillations de courte durée, le climat global rafraîchit et le niveau des mers atteint celui que nous connaissons de nos jours.

LES OUBLIÉS DE L'AVENTURE

En l'espace de 400 générations d'hommes, en sélectionnant les grains les plus gros capables de germer précocement, les animaux les plus dociles et les mieux adaptés aux travaux des champs, le travail humain a fait que bien des espèces animales et végétales ont perdu leurs caractères sauvages originels pour se mettre à la disposition d'une agriculture sans cesse réorientée, revisitée par l'homme qui, sans le savoir, procédait à une sélection génétique.

L'odyssée de l'homme néolithique agriculteur, aussi belle soit-elle, ne doit pas nous laisser dans l'ignorance des réalités particulières, celles de peuples nombreux restés à l'écart des rayonnements du savoir. Raconter l'histoire de l'aventure humaine, c'est souvent la tenir pour exemplaire. Et pourtant, elle n'est ni exemplaire ni linéaire. Elle est désordonnée, parsemée de bifurcations qui laissent dans la misère des peuples qui finissent par s'éteindre. Et si de nombreuses régions du monde ne se sont ouvertes aux démarches culturales modernes qu'au cours du dernier siècle, d'autres demeurent, encore de nos jours, dans une pauvreté financière et humaine considérable avec presque tous les indicateurs de croissance orientés à la baisse, laissant la vie des hommes sous la menace de l'imprévu et en dépendance totale de la nature.

Ces peuples sont aujourd'hui connus, et prennent un relief tout particulier au milieu de l'abondance alimentaire des autres pays où les personnes en surpoids se comptent désormais en milliards et les obèses en centaines de mille. Leur dénuement et leur détresse donnent acte du caractère relatif de toute certitude de progrès que l'agriculture aura apporté à l'humanité. C'est pourquoi, après avoir commémoré les premiers pas de l'humanité, je souhaite entraîner le lecteur vers l'histoire récente de l'agriculture, les innovations scientifiques et techniques qui ont permis d'éviter le pire, leurs conséquences sur les ressources naturelles et enfin les initiatives qu'il faudrait prendre pour éviter que les bifurcations les plus sombres qui ont conduit aux famines, ne puissent se reproduire.

GRANDEURS ET DÉCADENCES

À l'époque romaine, la presque totalité des grandes cultures actuelles étaient domestiquées quelque part dans le monde[(31)]. Les auteurs s'accordent à dire que les premiers siècles de l'ère chrétienne, largement dominée à l'Occident par la civilisation romaine, ont vu en Europe la tendance au réchauffement se poursuivre accompagnée d'une augmentation générale de la sécheresse. Les vignes et les cultures d'oliviers étaient alors portées jusqu'au nord de l'Italie. À cette époque, les Romains introduisaient la vigne en Angleterre et en Allemagne. Les sécheresses répétées touchèrent le centre de l'Europe et celui de l'Asie, malmenant les pâturages et poussant les peuplements de ces régions à migrer vers l'ouest et certaines tribus à déferler sur un Empire romain affaibli. Dans le même temps, le niveau global des mers s'éleva progressivement jusqu'à l'an 300[60] d'environ un mètre.

Ce n'est qu'après, au bas Moyen Âge, entre l'an 500 et l'an 900 qu'un climat plus frais, ponctué de rudes hivers, s'installa en Europe, impliquant l'abandon de terres de culture dans sa partie septentrionale, et de grandes pertes d'oliviers, de vignes et de figuiers dans ses régions sud. Dans les Alpes, les glaciers envahirent de nouveau les vallées. Des évidences de l'avancée sensible des glaciers ont aussi été trouvées en Amérique du Nord ou en Islande.

Sur le pourtour méditerranéen, alors que les pays des rives nord-occidentales étaient périodiquement touchés par l'influence du climat froid et humide, les zones est et sud, dès l'an 500, tout comme l'Asie centrale et le Moyen-Orient, connurent une longue période de sécheresse, conduisant les populations à abandonner les cultures irriguées de l'arrière-pays au profit d'une installation le long des côtes.

À la même époque, l'Amérique centrale subissait un climat plus sec, favorisant vraisemblablement une extension des royaumes mayas vers le nord. Il s'agissait d'une civilisation culturellement avancée, dotée d'une écriture, installée à plusieurs centaines de kilomètres au nord de l'équateur dans une zone où alternent, au cours de l'année, une saison des pluies et une longue saison sèche. L'agriculture des Mayas tournait autour de l'exploitation du maïs souvent irrigué et de quelques espèces animales domestiquées : chien, dinde, canard, abeilles. Ils chassaient les cervidés sauvages et ne disposaient pas de moyens de labour ni de transport animal. La société maya était divisée en petits royaumes concurrents.

La plénitude culturelle des royaumes mayas commence à partir de la seconde moitié du IIIe siècle après J.-C. pour culminer au VIIe siècle. C'est la période dite classique de cette civilisation. La population s'accroît considérablement tout en dépendant d'un système agricole restreint, ni assez diversifié ni assez domestiqué pour subvenir à la poussée démographique du moment. L'accroissement de production alimentaire rendu nécessaire ne devait plus permettre de respecter les jachères si précieuses à la restauration de la fécondité des sols. Les auteurs ayant étudié ces civilisations, présument d'un épuisement rapide des terres arables et des nappes d'eau, tout à la fois par perte de nutriments, par érosion et par excès d'irrigation, surtout à une période où le climat s'assèche pour atteindre son apogée entre le VIIIe et le IXe siècle après J.-C. Avec une population devenue excessive, les luttes entre les gens du peuple pour de la terre devenue rare sont fréquentes[32] et quelques révoltes paysannes de la faim ont dû faire le reste ! C'est ainsi que, dans un environnement fragilisé, survient l'effondrement des sociétés mayas, engendré par la disparition vraisemblable de plus de la moitié de sa population morte de faim et des maladies qui fondent sur ces malnutris. Elles ne se relèveront que difficilement et en tout cas ne resteront à jamais que l'ombre de ce qu'elles furent[31][32][44].

L'histoire des Mayas est documentée par les restes archéologiques nombreux dont nous avons hérité. Mais combien d'autres peuples ignorés, et qui le resteront sans doute toujours, ont dû s'éteindre pour des raisons analogues ?

LA REDISTRIBUTION DES RÔLES

Estimée à moins de 1 million d'individus au début de la fonte des glaces qu'on appelle la débâcle, l'humanité sort de la paucité en inventant l'agriculture. Si l'homme en était resté à vivre de la prédation (chasse, pêche, cueillette), celle-ci n'aurait certainement pas permis à plus d'un demi-milliard d'humains de se nourrir.

L'humanité atteint 7 millions voici 6 000 ans, 27 millions il y a 4 000 ans, 200 millions au temps de Jésus-Christ[80]. La croissance démographique ne s'arrêtera plus. Et, pour faire face à leurs besoins alimentaires, les hommes n'auront de cesse d'augmenter les surfaces arables et d'innover dans les techniques agricoles. Mais ils vont rester pendant longtemps encore tributaires des variations climatiques.

Le blé, symbole de la domestication de la nature, venu du Croissant fertile, atteint l'Europe occidentale après plusieurs millénaires. Et pourtant c'est là que va se forger l'agriculture moderne qui permettra à l'Europe de dominer le monde.

CHAPITRE III

La réussite agricole de l'Occident

PAR-DESSUS LES SIÈCLES

Nous roulions de jour sur ces étendues caillouteuses mêlées de sable que les Maures appellent la « terre mouchetée ». Sans autre repère naturel que la position du Soleil dans un ciel blanchi d'une brume sèche, nous tenions le cap indiqué par la boussole. La peau des lèvres séchées finissait par se fendiller et saigner, nous rappelant que nous devions les enduire de gras et boire régulièrement, à petites goulées.

Encerclés d'étendues planes, nous ne nous attendions pas, sur la droite de notre chemin, à discerner, à l'horizon, la silhouette vacillante d'une dune dans la chaleur. Au fur et à mesure que nous en approchions, elle se montrait plus imposante. Elle était couverte d'un revêtement noirâtre, qui contrastait avec le blond du sable. À la différence de ces dunes serrées s'allongeant dans le sens de l'alizé, celle-ci était immense et isolée au milieu du reg (ou rag), figée par cette coiffe foncée qui nous avait permis de la repérer de loin. Intrigués, nous nous sommes écartés de notre route pour la voir de plus près.

Nous avons mis du temps à la gravir. La coiffe était constituée de milliers d'outils taillés, en quartz ou en silex, de meules polies en serpentine et de tas d'autres objets utilitaires façonnés dans les éclats de roches de la région. Leurs surfaces étaient recouvertes d'une patine sombre, caractéristique des pierres soumises à l'insolation désertique. Seuls les ossements de petits mammifères, qui y étaient mêlés, avaient pris sous le soleil une blancheur inaccoutumée. Plus tard, l'analyse au laboratoire est venue éclaircir leur origine et leur âge. Il s'agissait d'une industrie néolithique particulièrement bien conservée, remontant aux XIIIe-XIVe siècles ! Fallait-il croire la datation C^{14} et accepter qu'en Mauritanie l'outillage néolithique était encore utilisé au Moyen Âge ou bien douter de l'âge d'ossements poreux, exposés aux intempéries et sujets à des rajeunissements ? D'autres faits sont venus conforter la crédibilité de l'analyse : l'empire du Mali était à son apogée, plus au sud-ouest, grâce à un climat plus humide.

La dune dominait les vastes surfaces horizontales qui l'entouraient. Depuis son sommet, la vue portait sur les très nombreux inselbergs (ou « guelbs ») de roches métamorphiques ou de granites, isolés ou en archipels, que nous ne pouvions distinguer 30 mètres plus bas, depuis notre Land Rover. Des hommes néolithiques avaient vécu ici, dans le Tasiast mauritanien, sur cette butte de sable désormais immobilisée par la multitude d'outils éparpillés, à la fois écran et belvédère entre les terres atlantiques et sahariennes.

Les nombreux rhizomes fossilisés par la calcite blanche que nous y avions trouvés, nous rappelaient que la végétation y poussait et qu'une humidité plus grande avait accompagné ces hommes. Aucune trace de rivière, ni de restes de murs d'argile ou de champs cultivés. Et pourtant, les nombreuses meules à écraser les grains et les pilons trouvés attestaient de l'abondance de graminées dont ils tiraient profit. Quelques poignées de familles avaient dû trouver refuge sur cette hauteur solitaire. Elles y menaient une vie simple et archaïque, dont il ne subsiste aujourd'hui que des objets illustres.

Dans ces étendues désolées, sans oueds, sans eau, sans puits, loin des transhumances des pasteurs maures, à l'écart des routes de caravanes, seule la curiosité pouvait conduire les deux scientifiques que nous étions jusqu'à cette forteresse de sable, incroyable témoignage de l'aventure humaine.

Je garde précieusement les outils que j'y ai ramassés. Ils ornent le pied de ma cheminée. Parmi les nombreux amis qui me visitent l'été, peu s'intéressent à ces reliques d'un autre temps. Elles racontent, dans leur silence minéral, la vie passée d'autres hommes. Car le désert est aussi fait de leurs absences.

En sautant par-dessus les siècles, nous avions atteint les restes d'un monde en dehors de l'histoire. Un tableau inchangé de la préhistoire… au XIIIe siècle, alors que l'Europe du Moyen Âge profitait, dans la même période, d'un progrès sans précédent.

LE MOYEN ÂGE ET LA RÉUSSITE DE L'OCCIDENT

Le temps s'écoulant, la population est plus nombreuse, les écrits et les témoignages sont plus abondants. On cerne avec certitude quelques grandes étapes de l'évolution des sociétés, tout au moins celles qui ont pu inscrire leur histoire dans des chroniques.

Les temps médiévaux sont suffisamment documentés pour qu'on puisse se rendre compte qu'ils recèlent des innovations d'ordre technique et organisationnel ayant permis à l'Occident de devancer le reste du monde[91].

Lorsqu'on évoque les périodes de réchauffement ou de refroidissement du climat, n'imaginons point des changements universels univoques. Plus les événements climatiques sont abordés dans leur détail et plus ils nous surprennent par leurs différenciations régionales, voire locales ; en revanche pour des enveloppes de plusieurs siècles ou de millénaires, la tendance à la variabilité climatique globale est plus évidente. Prenons un exemple. Nous pouvons nous trouver dans une période de réchauffement climatique qui dure depuis trois millénaires, mais être confrontés à une décennie particulièrement froide. L'histoire de l'agriculture est régie à la fois par des évolutions globales et par des variations de plus courte amplitude. À partir du Moyen Âge, les témoignages deviennent plus nombreux et nous sommes renseignés sur les détails annuels des changements climatiques. Et, dès que les progrès techniques le permettent, ce sont les enregistrements des températures qui viennent affiner encore plus la connaissance des humeurs du climat saisonnier. C'est d'ailleurs là toute la difficulté qui transparaît aujourd'hui sur la controverse du réchauffement climatique : nous ne pouvons pas certifier qu'une succession de quelques étés torrides dans un coin du globe est la traduction d'une tendance générale de l'élévation de température depuis un siècle. Le recul que nous avons sur cette question est encore insuffisant.

Un trait remarquable rapporté par les historiens, les archéologues et plus tard par des scientifiques est l'asymétrie des modifications climatiques qui affectent les différentes parties du monde, traduisant si besoin était, la complexité de la compréhension des phénomènes climatologiques. Ainsi le réchauffement identifié au IVe siècle de notre ère semble ne pas avoir été interrompu, à l'exception de quelques variations, dans les basses latitudes et en antarctique et ce jusqu'à environ l'an 1000, contrairement à l'Europe, l'Amérique du Nord et l'Arctique européen, qui auront connu dans la même période, un net refroidissement.

Cette asymétrie se répète lorsque, entre le Xe et le XIIe siècle, une phase de réchauffement surgit à nouveau, touchant de nombreuses régions du monde, sauf à l'évidence la Chine, le Japon et toute une partie de l'Asie de l'Est, soumis probablement à un régime plus frais et plus sec. Pourtant il semblerait que son amplitude ait atteint celle des pics les plus chauds des millénaires postglaciaires[(60)].

Ce réchauffement paraît s'être poursuivi pendant la plus grande partie du Moyen Âge, jusqu'à la fin du XIIIe, voire le début du XIVe siècle, comme l'attestent les anneaux de croissance des arbres. Même si l'on ne tient pas compte d'années isolées particulières et qu'on observe la tendance générale, l'optimum climatique médiéval semble avoir régné entre l'an 1000 et l'an 1300 un peu partout en Europe et en Amérique du Nord[(15)].

Bien que les anneaux des arbres puissent être liés à l'abondance ou la rareté des saisons pluvieuses, un faisceau de faits vient témoigner de la tendance au réchauffement. Dans les Alpes, le recul des glaciers est sensible pendant cette période allant de l'an 900 à l'an 1200. Mais les faits sont aussi ceux rapportés par l'archéologie, la palynologie, la géochimie isotopique. Ils sont convergents et convaincants.

Les conséquences sur l'agriculture européenne furent considérables. Les cultures quittèrent les fonds de vallée où elles étaient confinées pour coloniser les collines jusqu'à des altitudes jamais atteintes auparavant. En Norvège, les céréales comme l'orge furent plantées, après déboisement, pratiquement jusqu'à hauteur du 70e degré de latitude nord, c'est-à-dire presque jusqu'à la pointe la plus septentrionale du pays. Il en fut de même en Grande-Bretagne, où des fermiers s'installèrent jusqu'au sud de l'Écosse pour labourer des centaines d'hectares et pratiquer à grande échelle l'élevage des moutons ; l'extension des cultures alla même jusqu'à gêner cet élevage. La limite atteinte par les vignobles en Angleterre durant cette période du Moyen Âge laisse supposer, par comparaison, que les températures moyennes devaient être de 0,7 à 1,4 °C supérieures à celle de nos jours[(60)].

Alors que les hautes latitudes sont le siège d'un réchauffement, le pourtour méditerranéen, le Sud-Est européen et l'Asie centrale connaissent un climat plus humide que de nos jours. H. H. Lamb, dans un ouvrage scientifique regorgeant de faits, note que le niveau des lacs et des rivières de ces régions était au plus haut : le niveau de la mer Caspienne était de 8 mètres plus élevé que ce qu'il est aujourd'hui, pendant toute la période de temps s'étalant entre le IXe et le XIVe siècle. En Sicile, deux rivières, l'Erminio et le San Leonardo, étaient navigables au XIIe siècle. Elles ne le sont plus aujourd'hui, même pour des navires de l'époque. Sur l'Oreto, à Palerme, des ponts furent construits d'une taille que le débit actuel de la rivière ne justifie pas[60]. Des observations identiques concernent le flux plus important à l'époque de rivières en Grèce ou d'oueds d'Afrique du Nord et d'Arabie.

Chaque période de bien-être climatique se traduit par des progrès techniques ou tout au moins par l'extension des découvertes et par leur amélioration lors de leur adaptation locale et particulière. En quelque sorte, un transfert de technologie, rapide et de proche en proche. Les Européens médiévaux maîtrisèrent rapidement l'eau et le vent. Le long des rivières et de la plupart des grands fleuves, les moulins à eau foisonnèrent pour moudre le grain et produire de la farine. Des barrages virent le jour pour réguler le fil de l'eau mais aussi pour mettre à profit sa masse et sa vitesse et ainsi fournir de l'énergie mécanique. À Toulouse, l'un d'eux « faisait près de 400 mètres de long et se composait de milliers de pieux de chêne géants enfoncés dans le lit de la rivière pour former deux palissades, dont l'intervalle était comblé de terre et de pierres[91] ». Les moulins à vent proliférèrent encore plus, avec des ailes s'adaptant à l'alizé du moment. Vers la fin du XIIe siècle, l'Europe possédait tant de moulins à vent que leurs propriétaires en vinrent à s'intenter des procès sous prétexte qu'ils se bloquaient le vent les uns les autres[91].

Ces moulins traduisaient l'abondance des récoltes de céréales. Et si la douceur climatique pouvait expliquer l'extension, un peu partout, des surfaces cultivées, elle ne suffisait pas à justifier le rendement des récoltes. Les Européens n'ont pas seulement appris à domestiquer l'eau et le vent, ils ont avant tout maîtrisé la culture de la terre arable grâce à leurs innovations techniques.

Si la faux apparut en Gaule au dernier siècle avant J.-C. pour remplacer avantageusement l'usage de la petite faucille, il fallut attendre les progrès de la métallurgie et de l'artisanat rural du Moyen Âge pour que son emploi puisse se généraliser. Le volume des foins augmenta très vite et permit d'accroître considérablement celui des troupeaux. Dès lors, il fallut abriter foin et animaux des intempéries hivernales, et les granges, les fenils, les écuries, les étables, les bergeries se multiplièrent à travers l'Europe(74).

Les litières animales, composées de feuilles sèches et de paille, recueillaient sur place les déjections et constituèrent des quantités sans cesse renouvelées de fumier que les paysans pouvaient utiliser pour amender leurs champs. Il fallut déplacer, transporter ces quantités de fumier jusqu'aux terres que le climat apaisé offrait désormais à la culture et les travailler, et aussi ramener le foin vers les fermes.

Les modes d'attelage hérités des Romains ne suffisaient plus pour acheminer des chargements lourds et fréquents. Le joug de garrot pour les bovins et la bricole pour les chevaux, malmenaient le cou des animaux qui ne pouvaient tirer de trop lourdes charges. Bien que l'idée semble avoir vu le jour en Chine (93), une invention technique vint révolutionner l'agriculture : la charrue lourdement attelée(72). Apparue dès le VIIIe siècle en Tchécoslovaquie, elle ne prend réellement son essor qu'au XIe siècle et se répand dans toute l'Europe au XIIe, et notamment dans les contrées septentrionales rendues accessibles à la culture par l'adoucissement climatique. Le labour à bras et l'araire disparaissent au profit de la charrue outillée d'un coutre et d'un soc prolongé d'un versoir permettant un labour continu. Les terres se défrichent un peu partout, se plissent de sillons, la forme des champs s'adapte au nouveau mode de travail du sol.

L'invention de la charrue scelle pour longtemps le rôle primordial des animaux de trait dans l'agriculture. En effet, le joug de cornes pour les bœufs et le collier d'épaule rigide pour les équidés constituent désormais un attelage qui augmente considérablement la puissance de traction de ces animaux. L'utilisation fréquente des animaux de trait, et notamment du cheval bien plus rapide dans l'accomplissement des tâches, entraîne une usure prématurée des sabots. On y remédie par le ferrage.

Les innovations techniques se traduisent rapidement par un progrès sensible du rendement agricole. Georges Duby estime que les rendements céréaliers ont été doublés, alors que les jardins et les vergers proches des habitations se multipliaient[(34)], on y trouvait des légumes, qui étaient consommés dans des potages, d'où le nom de potager donné au jardin, ou qui étaient croqués en accompagnement avec le pain, d'où le nom de « companage » donné à ces légumes. Quelques plantes aromatiques, médicinales, ou même ornementales agrémentaient les jardins tout comme des plantes textiles (lin, chanvre), oléagineuses, et des plantes tinctoriales (pastel, garance, orseille, gaude), qui prirent une grande importance. On ne retrouvera ces plantes dans les assolements céréaliers que bien plus tard[(74)].

Devant l'abondance de la production agricole et l'explosion du commerce du grain, les famines même si elles ne disparurent pas, s'espacèrent considérablement et la population, mieux nourrie et mieux armée pour résister aux maladies pouvait s'accroître. De nombreux historiens estiment qu'en Europe, celle-ci se serait multipliée par trois ou quatre à cette époque du Moyen Âge. Devant cette poussée démographique sans précédent, il a fallu produire encore plus, et à la rotation biennale des terres se substitua, un peu tardivement au XIIIe siècle, la rotation triennale comportant une céréale d'hiver, une céréale d'été et une jachère.

L'EUROPE ET LES BIENFAITS DE L'AGRICULTURE : L'ÂGE DES LUEURS

On peut donc parler d'une révolution agricole du Moyen Âge. Ses implications sur la société européenne ont été notables[(74)]. La demande en fer s'accrut considérablement, il fallut du charbon de bois pour le forger, ce qui augmenta le défrichement. La charrue à attelage lourd permit le transport de grosses quantités de matériaux, de pierres de taille. De nouveaux métiers apparurent et avec eux les artisans se multiplièrent, charrons, forgerons, charpentiers, maçons... Les villes changèrent de physionomie, les universités apparurent en Europe qui, en même temps, se couvrait de monastères et de cathédrales. En trois siècles, de 1050 à 1350, on extrait en France suffisamment de pierres de taille pour bâtir quatre-vingts cathédrales, cinq cents grandes églises et des milliers d'églises paroissiales, c'est-à-dire plus de pierres charriées en ces trois siècles en France que l'ancienne Égypte quelle que soit la période de son histoire[(74)].

Les propriétaires terriens, seigneurs laïcs ou ecclésiastiques, les commerçants, les marchands s'enrichirent et, alors qu'on assistait à la naissance du capitalisme, les disparités économiques avec les paysans et les ouvriers agricoles sans terre s'accentuaient, mais à partir du XIIIe siècle, en France notamment, les serfs s'affranchirent progressivement.

Longtemps regardé comme une période sombre, un âge de ténèbres, le Moyen Âge avec son optimum climatique apparaît au contraire comme une période d'exceptionnelles innovations techniques commencées dans le domaine de l'agriculture grâce aux terres nouvelles libérées pour un temps des rigueurs du climat et qu'il fallut mettre à profit rapidement. Convenablement nourri, le gros de la population s'est rapidement accru, en même temps que les sociétés rurales et urbaines se réorganisèrent profondément et qu'on assistait à une floraison culturelle.

À partir de cette période, le monde connaîtra mille ans de progrès économique malgré les crises qui émaillèrent l'histoire !

ET LE TEMPS DES TOURMENTS REVIENT

Comme souvent l'engouement pour le progrès n'a de limite que les raretés engendrées par le progrès lui-même. Il suffit parfois d'un élément déclencheur de plus, comme une légère variation climatique, pour assister à un effondrement d'une période glorieuse et prospère.

Le climat de l'Europe se détériore nettement dès la deuxième décennie du XIVe siècle avec une tendance générale au rafraîchissement et à la succession de plusieurs étés pluvieux, suivis notamment en Europe de l'Est, de décennies de sécheresse. L'instabilité climatique qui règne semble aussi engendrer des hivers parfois longs et rudes. Et cette tendance se poursuivra dans le siècle suivant avec quelques décennies marquées par des hivers longs et rigoureux. Les régions d'Europe du Nord, telles que la Norvège, le Danemark, l'Écosse, sont durement touchées et les fermes sont désertées les unes après les autres. La baisse de la limite supérieure de croissance des arbres de montagne en France, en Allemagne, en Europe centrale et de l'Est, tout comme l'histoire des vignobles d'Angleterre et d'Europe centrale viennent confirmer la dégradation climatique du reste de l'Europe.

Dès la fin du XIIIe siècle, l'Europe connaît, en pleine embellie, un brusque revirement empli de tourments pour ses sociétés. Le temps du progrès marque le pas un long moment, plus de cent cinquante ans pendant lesquels, disettes, guerres et maladies surgissent de toutes parts.

La croissance agricole ralentit jusqu'à s'arrêter. Les activités artisanales, industrielles, commerciales et même culturelles déclinent rapidement. Tout cela débouche sur une crise immense et multiforme qui toucha l'Europe entière qui devint « un monde spirituellement déboussolé, démographiquement atone et économiquement affaibli[64] ».

Dans une Europe à son apogée démographique et une France particulièrement bien lotie avec 20 millions d'âmes, les famines apparaissent dans le bassin parisien en 1305, puis en Allemagne en 1309-1310 et connaissent leur plus terrible développement dans les années 1315-1317 en s'étendant à l'Europe entière. Les populations entament leur décrue et la santé des plus démunis se dégrade. Il suffit d'une grande épidémie pour faire le reste.

La peste, disparue du continent depuis près de sept siècles, resurgit en Asie centrale vers 1338 et va suivre les routes commerciales terrestres et maritimes. En à peine dix ans, elle aura envahi l'Europe, et touché ses populations affaiblies, et tout le pourtour méditerranéen. À la fin du siècle, un tiers des Européens aura perdu la vie ! La France ne retrouvera son niveau de population du début du XIVe siècle que deux cent cinquante années plus tard.

Comment en est-on arrivé à cet effondrement ? Comme toujours les causes en sont multiples et l'élément déclencheur semble être le climat. Le thermomètre fut inventé par Galilée en 1590, mais il faut attendre la fin du XVIIe siècle pour obtenir des enregistrements thermométriques réguliers. Comprendre les variations climatiques des époques précédant les mesures instrumentales relève donc de l'utilisation d'autres sources, d'autres témoignages.

Une des causes cardinales de cette crise vient de la surexploitation des terres pour usage agricole. Mazoyer et Roudart[74] en ont fait une remarquable analyse. Dès la fin du XIIe siècle, les signes de surpeuplement se font sentir dans de nombreux pays européens ; les cultures sont étendues pour nourrir une population de plus en plus nombreuse. Il faut augmenter la production à tout prix et, pour cela, l'extension des champs labourés se fait aux dépens des pâturages et des prés de fauche. En conséquence, on réduit la taille des troupeaux et la quantité de foin, entraînant une réduction sensible du volume de fumier servant à amender les champs, à « engraisser » les terres céréalières. Le rendement sur des terres moins fertiles diminue et bien sûr la baisse de production se traduit rapidement par l'augmentation des prix, notamment celui du pain.

Bien plus, pour compenser les zones d'herbage prises par le labour, on défriche encore plus les forêts, le bois lui-même vient à manquer, qu'il s'agisse du bois d'œuvre ou du bois de feu nécessaires aux habitants des campagnes et des villes, et à la sidérurgie. Les défrichements sont poussés à tel point qu'à la fin du XIIIe siècle des terres récemment défrichées et mises en culture doivent être délaissées car elles s'avèrent peu fertiles[(74)].

La capacité de production issue d'une agriculture basée sur un système à jachère et à culture attelée lourde atteint ses limites, alors que la population qu'elle est censée nourrir, ne cesse de croître. En essayant d'y faire face sans changer de méthode agricole, on épuise la terre arable disponible. À ce moment, il n'est plus question de gagner de nouvelles terres sur les fronts pionniers plus au nord. Les variations climatiques changeantes ne le permettent plus, elles se manifestent soudainement par des printemps et des automnes humides et frais, par de pluvieuses saisons estivales, avec des céréales carencées, des maladies qui affectent les cultures mais aussi les hommes, comme l'ergotisme causé par le développement dans certaines céréales d'un microchampignon toxique, clairement associé aux étés « pourris ».

Dès le début du XIVe siècle, les routes maritimes qui assurent le lien entre l'Islande et l'Europe connaissent des difficultés, d'abord occasionnelles, puis de façon permanente[(60)]. Ces tourments sont reliés au rafraîchissement de l'Arctique. À cette époque, le Groenland connaît les mêmes difficultés, la vie des colons installés devient très difficile, et autour de 1340 la route navigable qui reliait l'Islande et le Groenland en longeant le 65e parallèle de latitude nord, est abandonné pour une voie plus au sud qui évite la prise en glace fréquente de l'océan. Mais, en 1369, toute communication entre l'Europe et la colonie cesse définitivement. La sévérité du climat s'installe en Arctique pour plusieurs siècles.

L'Islande connaît alors un grand déclin. Les hivers voient les glaces de mer s'approcher de ses côtes, et les étés sont si froids que le foin n'est plus assez abondant. Les moutons meurent en grand nombre. Les éruptions volcaniques viennent régulièrement anéantir une grande partie de ce qui reste comme animaux domestiques, notamment en 1362 celle du mont Oraefi. Même si les calamités climatiques sont discontinues, elles n'en demeurent pas moins fréquentes, répétées, rapprochées et très sévères pendant plusieurs centaines d'années. Elles ont un effet désastreux sur une population qui, en quatre siècles, diminua de moitié.

La faim frappe les plus pauvres des campagnes et des villes et, malnutries, les populations de paysans et d'ouvriers perdent leur vigueur au travail. Disettes et famines réapparaissent, maladies et épidémies entrent par effraction dans de très nombreux foyers venant décimer une quantité considérable d'âmes. Le déclin agricole s'installe et l'économie s'effondre.

Voilà une société brusquement et dramatiquement déséquilibrée. La courbe de production a toujours tiré la courbe démographique, cependant dès le moment où la poussée de population dépasse les rendements agricoles, le système se dérègle et le chaos surgit. Il aurait fallu à ce moment innover, alors qu'on se contentait d'appliquer, de copier et d'étendre un système agraire qui avait fait ses preuves durant les trois siècles précédents, en améliorant l'alimentation et le bien-être des gens. À trop tirer sur la corde, elle se casse. Les terres cultivées se sont rapidement dégradées et, lorsque des longues périodes de détérioration climatique sont survenues, ni la nature ni les hommes n'ont su faire face !

En Afrique du Nord et de l'Ouest, il semblerait qu'un climat anormalement humide ait régné entre le XIe et le

XIVe siècle. C'est l'époque glorieuse de l'Empire du Mali. Et déjà le climat connaît une tendance à l'assèchement dès le milieu du XIVe siècle qui semble se poursuivre jusqu'au XVIe. Le réchauffement climatique que connaît l'Europe jusqu'à la fin du XIIIe se traduit donc en Afrique de l'Ouest par une période d'humidité accrue. À l'inverse, le froid européen se traduit par une sécheresse africaine.

Ces variations asymétriques sont récurrentes. Ici, entre l'Europe et l'Afrique, auparavant entre l'Europe et l'Extrême-Orient. Elles ont été pour l'Europe au Moyen Âge à l'origine de son extraordinaire développement agricole et à n'en pas douter la cause du succès de l'Occident.

En fait, cette période de temps au climat très perturbé que nous venons d'évoquer, n'est que le prélude à ce qu'on a appelé en Europe le « Petit Âge glaciaire » et qui va durer près de trois cents ans.

LE PETIT ÂGE GLACIAIRE ENRHUME LE MONDE

Les oscillations climatiques qui touchent le monde sont de mieux en mieux documentées en Europe. Et les relevés thermométriques, dès la fin du XVIIe siècle, viennent affiner le détail des connaissances que nous avons des fluctuations des températures.

Les évolutions vers le froid se traduisent par une plus grande abondance des chutes neigeuses et par la prise en glace sur les continents d'importants volumes de précipitations : les glaciers de montagne se reconstituent et avancent vers le fond des vallées et les calottes glaciaires (ou inlandsis) s'accroissent aux dépens des terres. À l'inverse, la diminution du volume des glaces traduit une période de réchauffement. Les témoins géologiques de ces avancées et reculs des glaciers sont là lorsque la documentation historique fait défaut.

Ils permettent d'évaluer ailleurs dans le monde l'ubiquité des fluctuations climatiques.

Tout paraissait aller à nouveau pour le mieux dans les cinquante premières années du XVIe siècle en Europe. La tendance climatique semblait orientée au réchauffement, bien que certains hivers fussent quelque peu rigoureux jusqu'à faire geler la flegmatique Tamise. Et soudainement, en l'an 1550, le climat change à nouveau. Les Européens vont alors affronter une longue période de cent cinquante ans de froid, qui va d'ailleurs toucher l'ensemble de la planète et pas seulement l'hémisphère Nord comme certains scientifiques le pensaient. Les témoignages historiques viennent de toutes parts, indiquant un régime plus frais que celui que nous connaissons aujourd'hui avec 1,5 °C de baisse moyenne de la température.

L'étude des glaciers, sous forme de fleuves de glace dans les chaînes montagneuses ou sous forme de calottes glaciaires recouvrant les reliefs moins accentués des régions situées en hautes latitudes, a montré l'ubiquité de ce tournant climatique froid. Aux documents très nombreux qui attestent de ces siècles pendant lesquels pluies froides, neiges et glaces sont venues perturber la marche des sociétés humaines, les analyses du carbone radiogénique des troncs d'arbres prisonniers des glaces ont apporté des précisions chronologiques. Car, dans son avancée, un glacier rabote tout sur son passage, sols tourbeux, sédiments, forêts, maisons qu'il porte à son front comme le fait un « bulldozer » avec sa charge de terre. C'est la moraine frontale. Mais un glacier en crue s'accroît sur ses flans, repoussant latéralement les sédiments qu'il rencontre. Ce sont les moraines latérales.

Dans les Alpes, l'avancée des glaciers, consécutive au refroidissement, a été la plus spectaculaire entre 1570 et 1650 puis entre 1780 et 1830. Au cœur du Petit Âge glaciaire, la progression de gros glaciers tels l'Aletsch en Suisse était de 40 mètres par an[(40)]. Les glaciers alpins ne représentent que

5 % des glaciers européens. Plus au nord, en Scandinavie, les scientifiques ont montré qu'entre 1700 et 1750 la crue des glaciers a été la plus sévère, avec des avancées de l'ordre de 100 mètres par an, détruisant forêts et hameaux, envahissant les pâtures.

Ailleurs, dans les chaînes d'Alaska, dans les Rocheuses nord-américaines, partout, le Petit Âge glaciaire est présent, mais les datations effectuées sur les moraines indiquent de petits décalages chronologiques vraisemblablement attribuables au régime de précipitations d'hiver différant selon les décennies et les régions. Comme en Europe, les extensions glaciaires ont été importantes dès le XIVe siècle mais avec un maximum d'acuité plus tardif, entre la seconde moitié du XVIIe et la fin du XIXe siècle. Partout dans le monde, les massifs montagneux gardent les stigmates d'une extension généralisée des glaciers, dans les Andes, dans l'Himalaya, en Nouvelle-Zélande...

La tendance climatique froide a donc été une réalité mondiale. A-t-elle été la seule cause de la chute démographique que les sociétés européennes ont connue ? Au début sûrement, comme élément déclencheur, mais de multiples facteurs ont pu s'emboîter les uns à la suite des autres, ne laissant que peu de répit aux populations. Tout semble indiquer qu'une cause en engendre une autre et on ne saurait discerner entre elles pour dire par exemple, pour les disettes et famines, que l'une est « fille du climat » alors que celle qui suit est plutôt causée par des révoltes ou des guerres. Tout se tient, d'une décennie à l'autre.

L'asymétrie des oscillations climatiques est une réalité régionale. Elle vient donner une explication aux décalages observés en Europe même[60]. Les températures basses ont, bien sûr, empêché tout gain durable de nouvelles terres à cultiver. Entre 1670 et 1700, les températures d'hiver semblent avoir été particulièrement basses en Angleterre, en Hollande, en Allemagne et dans les pays nordiques. Avec, au début des années 1680, pour l'Europe du Nord, des terres agricoles gelées sur plus d'un mètre d'épaisseur. Les côtes de la Manche en France comme dans le sud-est de l'Angleterre furent occupées par une lanière de glace de mer large de près de 5 kilomètres, qui atteignit 30 à 40 kilomètres en mer du Nord, le long des côtes hollandaises. À peu près à cette période, l'Islande fut en 1695, et pour de longs mois, coupée du reste du monde par les glaces de mer qui la ceinturaient.

Mais, plus que ces successions ou longues alternances d'hivers polaires, il semble que ce soit l'exacerbation de la variabilité des températures qui ait le plus joué sur la qualité et la quantité des moissons, sur les dates de celles-ci, et qui a entravé le stockage des réserves de nourriture. Les grandes variations de température n'ont pas seulement joué d'une année sur l'autre, mais bien par paquets de six à huit années par rapport aux suivantes. Ainsi, au milieu des décennies les plus froides de la fin du XVIIe siècle, qu'on vient d'évoquer, se sont glissés quelques étés torrides ou au contraire glaciaux.

Autour des années 1690, les chutes de température estivales furent, tout autant que les hivernales, éprouvantes pour l'économie et la population européennes, avec des moissons catastrophiques débouchant sur de terribles et dévastatrices famines.

En France, ce sont les « années terribles du Roi Soleil ». Les récoltes ont du retard et sont maigres, des processions sont ordonnées par l'Église dans tout le pays, faisant appel aux reliques et aux saints protecteurs pour tenter d'apaiser les populations apeurées[23]. Les deux années 1693-1694 connurent de redoutables famines, avec leur cortège habituel de maladies. Au total, avec près de 3 millions de morts, la crise de 1693-1694 aura provoqué presque autant de victimes que la Première Guerre mondiale, mais en moitié moins de temps et dans un pays deux fois moins peuplé[23].

Depuis le début du XIVe jusqu'à la fin du XVIIe siècle, la variabilité climatique et la dégradation du système agricole, les épidémies, les guerres fréquentes sont venues harceler les peuples européens et en décimer un bon tiers.

Juste après 1700, toutes les archives historiques et les données scientifiques récoltées un peu partout dans le monde indiquent un changement brusque des températures moyennes par rapport à la décennie précédente. Une période beaucoup plus clémente s'installe, avec en Europe un pic de températures plus chaudes dans les années 1730 qui a notamment pour résultat une amélioration de la santé des populations.

Cependant, des renversements erratiques des conditions climatiques viennent rappeler ici et là les pires hivers des XVIe et XVIIe siècles. Ainsi, en France, l'embellie se détraque à la fin de l'an 1708 et jusqu'en 1710. Après des inondations importantes, l'eau qui a envahi les plaines se fige en glace avec l'hiver, les animaux périssent dans les étables, les oiseaux tombent en plein vol[(23)], des émeutes de la faim éclatent en province. Mais la famine est moins dévastatrice qu'à la fin du XVIIe siècle grâce à l'expérience qu'en a tiré l'État, mais aussi peut-être parce qu'elle a frappé une population plus résistante grâce aux années d'embellie qui précédaient.

Le retour à un climat plus stable dans sa durée, plus chaud, ne se fera néanmoins que plus tard, vers la fin du XIXe, voire le tout début du XXe siècle. C'est alors que les historiens et les paléoclimatologues considéreront que le Petit Âge glaciaire a pris fin.

L'EUROPE REPREND SON SOUFFLE

Le Moyen Âge a donc été celui de la réussite de l'Europe occidentale, grâce à la conjonction d'une embellie climatique et d'une première vague d'innovations technologiques. Cette période a permis un accroissement démographique substantiel. Mais elle a mieux commencé qu'elle ne s'est poursuivie aux siècles suivants, où les hommes n'ont pas su adapter l'agriculture aux brusques revirements climatiques qui frappèrent à nouveau l'Europe.

Le XVIIIe siècle fut avant tout celui du changement et du renouveau. Commencée avec un redoux climatique, cette période n'en fut pas moins soumise aux caprices du climat. Mais, grâce à une deuxième vague d'innovations, qui a débuté avec l'abandon des jachères, et s'est prolongée avec l'introduction de nouvelles cultures originaires des Amériques, l'Europe a évité le pire et a pu affronter les difficultés naturelles.

Les nations d'Europe occidentale pour la première fois depuis le tout début du XIVe siècle voient la mortalité reculer. Elles retrouvent entre 1715 et 1725 leur plein de population. La France de la fin du règne de Louis XIV et du règne de Louis XV fut la nation la plus peuplée du continent, mais demeura tournée vers sa terre agricole et ses paysans.

À l'évidence, le départ de cette période faste pour les Européens est à porter au crédit de l'accalmie climatique des années 1730. Celle-ci a permis d'améliorer sensiblement le développement de l'agriculture notamment en Angleterre, dans la région du Norfolk, où les fermiers ont expérimenté de nouvelles pratiques de culture inventées par les Flamands dès le XVe siècle qui eux-mêmes semblaient les tenir des Chinois[93]. Ce n'est que très progressivement que le reste de l'Europe s'adapta à ces nouvelles pratiques.

QUAND LES ÉLÉMENTS NATURELS SE MÊLENT DE POLITIQUE

La généralisation des mesures de hauteur de pluie et des températures en enregistrements continus (relevés thermométriques) donne à l'historien et aux paléoclimatologues des données précieuses sur l'évolution des conditions climatiques des XVIIIe et XIXe siècles. La consultation de ces mesures démontre clairement que le climat demeure erratique en Europe occidentale à partir du début des années 1760 et durant la trentaine d'années qui suivent avec une tendance plus froide et humide par rapport au climat que nous connaissons de nos jours. Froid et pluvieux en plaines, froid et neigeux sur les reliefs. Mais aussi avec des variations extrêmes, les hivers particulièrement rudes étant suivis d'étés très chauds et secs. Cette irrégularité des oscillations climatiques, notamment lorsque les étés étaient trop humides et froids, a eu dans bien des pays des conséquences dramatiques sur les récoltes de céréales. Et, là où la pomme de terre n'avait pas encore été adoptée, elle conduisit à des famines.

Pour ajouter aux malheurs, des volcans entrèrent en éruption un peu partout dans le monde au cours des trois décennies qui couvraient la fin du XVIIIe et le début du XIXe siècle. En Islande, le Laki en juin 1783, au Japon en août de la même année, aux Caraïbes et aux Célèbes en 1812, aux Philippines en 1814, le Tamboro en Inde en 1815[60]. Les énormes quantités de particules qui furent projetées lors de ces éruptions modifièrent la transparence de l'atmosphère et avec elle le bilan radiatif de notre planète. À titre d'exemple, attardons-nous sur l'éruption du Laki en Islande. Elle fut précédée par un été 1781 trop froid et trop sec pour que les récoltes soient abondantes et un automne 1782 envahi trop précocement par la neige pour que le maïs puisse mûrir convenablement. Le 8 juin 1783 dans le sud de l'Islande, une gigantesque éruption de laves surgit brusquement et dure huit mois, jusqu'au 7 février 1784. Ce ne sont pas les 15 kilomètres cubes de laves déversées qui ont été dangereux pour la population, mais bien le panache constitué de minuscules particules et de gaz nocifs projetés dans l'atmosphère. Le nuage, après être resté au-dessus de l'Islande, se déplaça au-dessus de l'Europe occidentale en tournant dans le sens des aiguilles d'une montre. Il envahit tout le continent puis l'Afrique et l'Asie. Chargé de vapeurs de fluor, de dioxyde de soufre, le nuage de cendres recouvrit près de 20 000 kilomètres carrés de terres en Islande, empoisonnant les pâturages et décimant des centaines de milliers de têtes de bétail. Selon le gré des vents, le nuage dense obscurcit le ciel d'été de longues semaines en Angleterre, en Hollande, en France, en Allemagne et en Europe centrale, compromettant partout les récoltes et décimant le bétail. L'hiver 1783-1784 fut terriblement froid et le printemps suivant si pluvieux que nombre de nations connurent des inondations sans précédent. Les villages d'Europe touchés perdirent un tiers de leur population. Dix mille Islandais (un cinquième de la population) moururent à cause de la famine qui en résulta et en Europe le taux de mortalité augmenta de 5 %.

Les panaches volcaniques de cette période d'éruptions à travers le monde voilèrent l'atmosphère, firent plusieurs fois le tour du globe et restèrent plusieurs années avant de se résorber. La connaissance que nous avons de nos jours de telles éruptions nous permet d'imaginer ce que furent ces décennies historiques à la fin du XVIIIe siècle. Ces années de cendres volcaniques et les implications qu'elles ont eu à n'en pas douter sur le climat ont accentué sa dégradation et son comportement erratique.

En France, après les rudes hivers 1783-1784 et 1784-1785, le mois de mars 1786 connut des baisses de température record et fut suivi d'une année de sécheresse exceptionnelle (près de 70 % de déficit pluvieux à Paris). Après une autre année de sécheresse en 1788 et un autre hiver 1788-1789 sévère, les petites gens rencontrèrent de grandes difficultés pour se nourrir convenablement. Et quand le peuple a faim... !

Le XIXe siècle a connu lui aussi un climat inconstant avec des décennies clémentes auxquelles ont succédé des groupes de plusieurs années froides et, dans tous les cas, une grande variabilité d'une année sur l'autre[60]. En 1846, l'Irlande connut d'ailleurs une de ses plus importantes famines. Tout au long des années 1860, l'Europe subit une tendance au réchauffement et les glaciers amorcent leur récession, puis un sévère revirement survient fin 1878 avec un hiver très rigoureux qui n'en finit pas. L'été 1879 est très pluvieux et frais et l'automne froid est suivi d'un hiver tout aussi rigoureux. Cette terrible année 1879, à laquelle ont succédé quelques années difficiles aux hivers froids et aux étés pluvieux, a intéressé toute l'Europe et a eu sur sa population de fortes conséquences, puisque c'est à cette période que l'émigration a atteint son apogée.

La fin des années 1870 fut également porteuse de désolation pour l'est de l'Asie. Il semblerait, comme l'indiquent les mesures de températures réalisées à Shanghai, que cette vaste région ait connu une période de grand froid. Le lac Suwa au Japon gela fortement et la Chine et l'Inde connurent, suite à des moussons déficientes, de longues périodes estivales de sécheresse. Pendant ces années noires, ces deux pays furent dévastés par des famines qui, selon les auteurs, auraient provoqué de l'ordre de 15 millions de morts.

La question qui se pose ici est simple : pourquoi autant de décès dans ces contrées asiatiques alors que l'Europe ou les Amériques, qui subirent également des conditions tout aussi rigoureuses, s'en tirèrent avec des disettes ou des famines très localisées et réduites en pertes humaines ? Tout simplement parce que l'innovation scientifique et technologique, l'adoption de cultures venues des Amériques comme la pomme de terre et le maïs, qui révolutionnaient la production agricole, n'avaient encore atteint ni l'Inde ni la Chine. Ce dernier pays, pourtant précurseur dans l'utilisation de la charrue[93], n'avait pas su la diffuser à l'ensemble de sa paysannerie.

L'ABANDON DES JACHÈRES ET L'AGRICULTURE NOUVELLE

Il en est souvent ainsi pour qu'une idée nouvelle s'impose : les usages adoptés au cours des siècles précédents étaient devenus partie intégrante de la culture des sociétés rurales avec leur cortège de lois et de protections. Il a donc fallu vaincre les habitudes culturelles qu'étaient le droit de vaine pâture sur les champs en jachère et l'obligation d'assolement des cultures. Pour surmonter ces habitudes agraires séculaires, il a fallu inventer un nouveau système agricole sans jachère, où celle-ci fut remplacée par des cultures de plantes fourragères comme le trèfle, le sainfoin, ou de cultures sarclées comme le navet, avec comme avantage d'enrichir le sol en azote et de limiter la croissance des mauvaises herbes. Les nouvelles rotations de cultures sans jachère permirent d'alterner sans discontinuer fourrages et céréales et en même temps de gagner sur des terres que le système précédent laissait au repos, en jachère.

Le résultat fut spectaculaire. Avec l'augmentation du fourrage, le bétail reprit de l'essor et la production de fumier concomitamment. La libération des jachères permit également de supprimer l'usage de pâtures dont quiconque du voisinage pouvait user (vaine pâture), et de réattribuer pleinement les terres à leurs propriétaires qui s'empressèrent d'enclore leurs champs. En même temps survint la quasi-suppression des servages et des corvées et l'accord des propriétaires à délivrer des baux de fermage de longue durée. De plus les expéditions américaines permirent d'introduire de nouvelles cultures qui vinrent enrichir la variété des rotations.

La pomme de terre, venue d'Amérique du Sud, fut introduite dans les régions d'Europe trop humides pour porter du blé, et se diffusa très rapidement grâce aux émigrants écossais et irlandais en Nouvelle-Angleterre mais aussi vers l'est et le nord européens dès le XVIIIe siècle où elle écarta la menace de famines, lors d'étés trop humides, quand les récoltes de blé furent insuffisantes. Le maïs, originaire du Mexique, introduit dès la fin du XVIIe siècle en Espagne, envahit rapidement toute l'Europe du Sud, améliorant considérablement l'alimentation.

Avec l'abandon des jachères, on vit se développer l'amendement des sols par des marnes et de l'argile, ainsi que l'accroissement de la taille des exploitations agricoles. Très vite, les terres produisirent plus de fourrage, plus de céréales, plus de plantes alimentaires sarclées, plus de plantes utilitaires comme le lin et le chanvre. Avec l'extension des terres cultivables, la production agricole doubla, la taille et le poids du bétail augmentèrent sensiblement, ce qui permit de fournir plus de viande et plus de lait. Il était temps d'atteindre des disponibilités alimentaires suffisantes car la population recommençait à croître.

En France, la mise en culture des jachères ne prit que lentement son essor, au fur et à mesure que les coutumes anciennes pouvaient être surmontées et que les conditions sociales s'amélioraient. Sa partie la plus méridionale prit un retard considérable sur le renouveau agricole qui touchait le reste du pays. Il en fut de même pour la partie orientale de l'Europe.

LE RÔLE DES VILLES ET DE L'INDUSTRIE

L'accroissement de la population vint engraisser les villes en priorité. Et pour que ce mouvement puisse continuer, les campagnes dont la population était stable, eurent à nourrir de plus en plus de citadins. Il fallut donc intensifier durablement la production agricole.

Heureusement, l'innovation technique et industrielle fut cette fois au rendez-vous ! Elle donna le coup d'envoi à une grande mutation agraire. Toute une panoplie d'outils nouveaux permit de doubler la superficie des terres cultivées par travailleur et d'augmenter le rendement. De même, l'émergence et la multiplication des moyens de transport permirent de mettre en place des réseaux de distribution un peu partout en Europe et dans le monde, et rendirent possible l'évacuation régulière des surplus de production agricole en les commercialisant.

Vers la fin du XVIIIe et tout au long du XIXe siècle, l'agriculture profita pleinement du génie des scientifiques et des ingénieurs, permettant d'élargir les superficies des terres arables tout en économisant considérablement le temps des travaux de ferme et la quantité de main-d'œuvre pour les réaliser. Des hommes et des femmes, libérés de ces peines agraires, purent rejoindre les villes et leurs industries. Les charrues entièrement métalliques ainsi que les brabants permirent de labourer plus rapidement et plus précisément, en divisant par deux le temps de travail des animaux et par quatre celui des hommes. La faucheuse à barre latérale, avec un rendement de dix à vingt fois celui réalisé à la main, bouleversa fenaisons et moissons. Elle fut à son tour équipée d'un dispositif additif servant à recueillir et ranger les céréales sur tige en petits faisceaux ou javelles. La moissonneuse était née, elle fut rapidement munie d'un dispositif permettant à son tour de ficeler les javelles en gerbes(74). Toute une série d'autres outils métalliques vint faciliter l'ensemble des travaux des champs désormais adaptés au système sans jachère, divisant par deux la main-d'œuvre agricole : salariés en premier, membres de la famille en excès ensuite.

Cette mécanisation pour être efficace et rentable devait s'appuyer sur des superficies conséquentes. C'est pourquoi, en Europe et notamment dans les pays d'économie agricole et de petit paysannat, l'engouement pour les nouveautés techniques ne fut pas immédiat et prit quelques longues décennies à s'imposer, à se généraliser. En France, l'acquisition de ces matériels n'était pas achevée au milieu du XXe siècle :

brabants et faucheuses n'étaient présents que dans deux exploitations sur trois, et la moissonneuse-lieuse et le semoir mécanique, dans une exploitation sur quatre. Charrons et forgerons étaient devenus vendeurs et réparateurs de ces nouveaux outils agricoles tout en continuant encore de fabriquer charrettes, chariots, charrues et autres matériels mi-bois, mi-fer, pour les petites exploitations(74).

L'EFFET BOOMERANG DES COLONIES : LA SURPRODUCTION

Dans les pays nouveaux d'Amérique, aux États-Unis, au Canada, dans le Brésil du Sud, en Argentine, mais aussi en Nouvelle-Zélande et en Afrique du Sud et du Nord, les sols arables occupaient des superficies considérables avec des populations locales peu nombreuses. Les immigrants européens y découvrirent des étendues de terres jamais cultivées, très fertiles et grosses de promesses. Ils y appliquèrent les techniques agricoles de leurs pays d'origine, les entraves foncières et administratives en moins. Le tempérament d'entreprise et de prise de risque de ces nouveaux propriétaires agricoles, dont les parents ou eux-mêmes n'avaient pas hésité à traverser mers et océans, fit le reste. Ils s'équipèrent des outils les plus modernes et eurent rapidement une productivité remarquable à l'hectare.

Avec l'invention de la machine à vapeur, les transports maritimes et les chemins de fer permirent d'écouler à des prix très concurrentiels les énormes surplus de cette productivité, qui dépassait de beaucoup les besoins de ces pays, vers leur principal débouché, l'Europe. Céréales, viande, laine et autres denrées agricoles de base arrivèrent en quantité dans la vieille Europe. Et son agriculture chancela sous ces importations massives d'outre-mer : elles provoquèrent des chutes des prix à la production, qui entraînèrent la baisse des revenus et des rentes foncières, l'arrêt des investissements, la ruine des petites exploitations peu productives, et un exode rural accru[74].

L'agriculture européenne connut sa première grande crise de surproduction. Et les grands pays agricoles d'Europe réagirent assez différemment à cette crise. La France et l'Allemagne dont l'agriculture était la principale activité économique ne purent que protéger leur production céréalière et animale, même si de telles mesures ne furent prises qu'au XIXe siècle. Ces deux pays, non seulement évitèrent l'effondrement de leur production agraire, mais continuèrent ainsi à la développer. En revanche, l'Angleterre, bien qu'elle eût une agriculture parmi les plus performantes du monde, choisit une autre voie. Elle favorisa son industrie aux dépens de son agriculture, en important ses besoins en produits agricoles. L'abandon de plus de 5 millions d'hectares de terres arables entraîna une chute de sa production en même temps qu'une crise au sein de sa population rurale. De ce jour, l'Angleterre perdit son indépendance alimentaire. Les Pays-Bas, comme d'autres nations de l'Europe du Nord qui avaient une agriculture socialement avancée, importèrent à bas prix des céréales fourragères qu'ils utilisèrent pour nourrir leurs animaux et en exportèrent des produits dérivés de qualité.

L'INNOVATION COMME SALUT

Les conditions climatiques précédant la Révolution française et la seconde moitié du XIXe siècle, qui en d'autres temps auraient pu décimer une partie de la population européenne, n'eurent cette fois qu'une incidence limitée grâce à une production de denrées alimentaires tout à fait exceptionnelle, conduisant même à une crise de surproduction. L'agriculture changea de visage en Europe et dans les colonies européennes. Son essor remarquable peut être expliqué par un faisceau de facteurs convergents. L'étendue des terres arables fut rendue utilisable par la mise en culture d'énormes superficies nouvelles et fertiles en Amérique du Nord et du Sud mais aussi en Europe. Ces terres furent accessibles à une mécanisation poussée qui nécessitait moins de travailleurs à l'hectare pour un meilleur rendement. N'étant plus limités par la main-d'œuvre, les agriculteurs pouvaient travailler de plus grandes superficies. La mécanisation et la motorisation des outils agricoles démarrèrent vraiment à cette époque.

Tout comme la machine à vapeur révolutionna les transports, le chemin de fer désenclava bien des régions rurales, permettant la commercialisation des surplus de production. Les différentes régions agricoles, qui essayaient jusqu'alors de se suffire à elles-mêmes en pratiquant la polyproduction, virent là l'opportunité d'acheter des matières premières venues d'ailleurs et commencèrent à se spécialiser dans la production de denrées pour lesquelles climat et terres étaient les plus favorables. Ce fut le début des grandes plaines céréalières des pays tempérés ; les régions moins arrosées avec des coteaux drainés se spécialisèrent dans les vignobles ; les zones montagneuses et leurs alpages fournirent bétail et produits dérivés : lait, fromages, etc. Les navires à vapeur et à hélice transportèrent les matières premières agricoles et notamment, avec l'invention de la réfrigération, la viande provenant des colonies de peuplement européen. Depuis le Chili et le Pérou, ils transportèrent aussi nitrates et guanos phosphatés dont l'agriculture avait besoin pour engraisser les champs. De là, l'utilisation des engrais minéraux se généralisa. Les phosphates furent exploités dans tous les pays. Quant aux mines allemandes, elles fournirent la potasse. Même si les quantités employées étaient sans commune mesure avec celles utilisées au XXe siècle, les exploitations qui s'en servaient eurent des rendements de récoltes très sensiblement améliorés.

Avec la spécialisation des régions dans des productions agricoles, la sélection des plantes et des animaux débuta. Il fallait trouver les espèces les mieux adaptées au milieu environnemental mais aussi aux nouvelles techniques et aux derniers outils mis sur le marché afin d'obtenir un meilleur rendement. Ce progrès vit le jour outre-Atlantique pour se répandre par la suite en Europe. Bien entendu, cette nouvelle approche de l'agriculture favorisait les grandes exploitations et les propriétaires les plus riches, et nécessitait moins d'hommes. Nombre de petites exploitations paysannes déclinèrent et l'exode des ruraux vers les villes, où l'industrie se développait, commença pour ne plus se tarir pendant longtemps[(74)].

LE PRINTEMPS DE L'AGRICULTURE

Le XXe siècle et sa modernité se profilaient. Là aussi le printemps agricole que connut ce siècle prit assise sur un soubassement climatique favorable. Il fallut attendre la deuxième décennie de ce siècle pour que le réchauffement climatique puisse être perceptible à tout un chacun. Notamment, le réchauffement entre 1920 et 1960 fut notable[(74)].

Tous les progrès techniques amorcés à la fin du XIXe siècle connaissent un développement remarquable. C'est le temps du perfectionnement des moteurs à essence et électriques. Le tracteur entre en scène et s'améliore sans interruption tout au long du siècle et surtout après la Seconde Guerre mondiale jusqu'à nos jours. Au début des années 1950, la superficie de grande culture qui pouvait être travaillée par une personne était de l'ordre de 20 à 30 hectares. Elle passe en cinquante ans à 200 hectares. L'époque voit fleurir les industries qui se destinent aux métiers de l'agriculture. Engrais et pesticides envahissent le marché. Leur usage est systématique tout à la fois pour s'affranchir le mieux possible des mauvaises herbes, des parasites et pathologies qui ravageaient les cultures et augmenter les rendements des plantes cultivées mais aussi des pâturages, des pailles, des fanes. Et lorsque les prix des matières premières agricoles viennent à grimper, de plus en plus d'intrants chimiques sont utilisés pour que les rendements suivent. Un usage sans frein ! Avec des rendements décuplés et un choix diversifié de denrées alimentaires. Le monde occidental n'est plus nourri, il est surnourri.

En même temps, malgré les énormes avancées technologiques du XXe siècle qui ont permis, presque partout dans le monde, au moins de doubler la production agricole dans la seconde moitié du siècle par rapport à ce qu'elle était dans sa première moitié, nous ne sommes pas sûrs de pouvoir nourrir les plus de 9 milliards de personnes qui se profilent dans les prochaines décennies.

Aucun pays n'est à l'abri des effets que des fluctuations climatiques à court terme peuvent avoir sur les récoltes. La confiance ou plutôt l'excès de confiance dans les techniques organisationnelles d'exploitation des terres, dans la pratique des monocultures spécialisées, dans l'irrigation généralisée, sur l'ajout systématique d'intrants chimiques, dans la mise en équation du rapport entre kilocalories alimentaires produites et nombre de personnes à nourrir, dans les modélisations climatiques et le devenir des zones de végétation, etc., nous conduit à une impasse. On en arrive à ne plus regarder sous nos pieds ce qui est la richesse du monde : l'eau, le sol et la vie foisonnante. Et pourtant, en les ignorant, on scie la branche sur laquelle une fraction de l'humanité est assise. Voyons pourquoi.

CHAPITRE IV

Voyage sur l'eau

PETITE HISTOIRE D'EAU

Le petit bout d'homme qui creusait au fond du puits n'avait pas plus de douze ans. Les rôles semblaient inversés : appuyés sur la margelle faite d'un mélange de paille et d'argile séchées, deux adultes le surveillaient du coin de l'œil. Chantonnant entre leurs dents, ils n'étaient là que pour remonter le lourd seau d'argile sableuse que l'enfant remplissait au fur et à mesure qu'il s'enfonçait plus profondément.

L'année avait été si sèche dans ce coin du nord-est du Sénégal que le puits s'était asséché. Les vieux du village y voyaient un mauvais présage. L'eau était désormais comptée car il fallait que les femmes aillent la chercher à quelques kilomètres en aval, là où l'eau sourdait encore, au plus bas du marécage presque entièrement tari. Pour combien de temps encore ?

Des théories de femmes remontaient à petits pas l'eau puisée. Tout récipient était réquisitionné pour l'occasion : bouteilles en plastique bouchées par un fragment de tissu, bidons en fer rouillés, flacons de toute sorte, le tout regroupé dans des calebasses ou de vieilles cuvettes émaillées. Les femmes les portaient au sommet du crâne sur lequel était enroulé un pagne pour amortir les petits chocs qui scandaient leur trot au retour vers le village. Elles, si joyeuses et bruyantes d'habitude, ne disaient mot, accablées par l'effort et la chaleur du jour qui mourait. Seul résonnait le tintamarre des récipients qui s'entrechoquaient sous les cahots.

Ces rites étaient devenus l'ordinaire quotidien jusqu'à ce que la nuit s'installe et avec elle un peu de fraîcheur. Les feux de bois crépitaient alors ici et là et les palabres reprenaient autour des plats chauds où chacun attrapait sa nourriture à pleine main. Les voix se mêlaient aux cris et à la multitude de bruits venus de la brousse à l'entour.

Je séjournais dans ce village depuis quelques jours pour travailler sur des affleurements de roches situés à plusieurs kilomètres de là. Je partageais avec les villageois mon temps, ma nourriture et l'eau que je transportais dans des jerricanes attachés au-devant de ma Land Rover. Les jours s'écoulaient lentement au rythme de cette chaleur accablante. Dès les premières heures, la sueur coulait au creux des aisselles. Parfois un vent chaud s'en mêlait, s'enroulant autour des corps, accompagné de grains de sable fins qui virevoltaient et vous picotaient le visage.

La veille de mon départ, j'étais allé voir l'enfant creuser au fond du puits et lui donner mon dernier paquet de biscuits. Ses petites mains se tendirent pour l'attraper au vol et je remarquai que la peau de ses jambes et de ses avant-bras était recouverte d'argile incarnate. Cela signifiait que l'humidité qu'elle contenait lui permettait de coller à sa chair. L'espoir d'avoir de l'eau était réel et j'en parlais aussitôt à l'enfant et aux deux adultes assis pour un instant à l'ombre du rebord de pisé. J'eus l'impression qu'il se remettait à creuser comme creuse un chercheur d'or, avec acharnement. Chaque coup de pioche s'accompagnait d'un gémissement d'effort qui, au bout d'une heure ou deux, se transforma en un chant si beau qu'il semblait combler le ciel. L'eau sortait en filets de toutes les parois du puits. Les autres enfants et les femmes accoururent les premiers, lançant des youyous stridents et des cris de joie, suivis par tout ce que le village comptait d'âmes. L'enfant fut hissé en haut du puits par ses bras frêles, ses vieux vêtements étaient mouillés de l'eau qui était cause de tant d'allégresse. Il s'assit épuisé sur le sol brûlant et craquelé. Il n'était pas insensible aux clameurs de joie : satisfait et ému, il sanglotait en silence et ses grosses larmes salées venaient se perdre dans l'eau qui recouvrait son corps.

Je venais d'assister à un moment de vie de ce village sénégalais. Pour ces gens, selon une tradition apprise dès l'enfance, on ne se soumet pas sereinement à cette terre rouge et à l'eau qui doit la féconder. Dans cette immensité aride, les pluies tombent insuffisamment et l'eau est si rare qu'elle se mérite : il faut lutter pour y accéder.

Loin des sources pures de nos montagnes, des rivières turbulentes dont l'eau est si abondante qu'on la transforme en égouts, il faut avoir vécu dans ces pays où les routes se perdent, où les hommes s'épuisent dans de simples huttes de boue séchée, vieillis prématurément, attachés par leur pauvreté à cette terre ingrate et à cette eau si rare. Oui, il faut les avoir vus pour connaître le vrai prix de l'eau. Cette expérience dans l'Afrique semi-aride fut pour moi fondatrice. La raison principale de s'intéresser à l'eau douce est qu'elle peut changer simplement et soudainement la condition humaine. Car rien ne dure au monde et n'est fait pour durer, surtout si l'homme s'en mêle.

L'EAU DANS TOUS SES ÉTATS

Lorsque l'eau est rare comme dans ce petit village du Sénégal, les jardins sont arrosés, à la tombée de la nuit, avec de vielle boîtes de conserve évidées et rouillées, au pied même de chaque plant. L'eau a ici un prix, celui de la peine et du labeur nécessaires pour la recueillir. Que d'efforts pour nourrir une famille dans ces régions de longue saison sèche, où la terre ingrate est assoiffée, plus qu'ailleurs. Et rien ne pousse qui ne soit apaisé par l'eau. À chaque gobelet versé, les fines craquelures de la terre argileuse absorbent l'eau et s'estompent, signe que la soif du sol est étanchée. Le geste est renouvelé chaque soir sous peine de voir dépérir les cultures maraîchères du jardin. L'eau est le sang de l'argile à qui elle délivre ses nutriments pour qu'ils soient portés jusqu'aux racines des plantes. Sans eau, la terre n'est pas féconde et l'agriculture devient impossible. Cette dernière en est si friande qu'il m'a paru utile d'en souligner l'importance en commençant par elle.

Chaque année, 86 % de l'eau douce utilisée par les hommes est le fait de l'agriculture. Pour croître et se multiplier, les plantes ont besoin d'eau douce qu'elles puisent dans la terre. Lorsque celle-ci n'est pas assez arrosée par les pluies ou lorsque les cultures ont quitté les bords des fleuves et de leurs plaines inondables, il faut irriguer les champs. Il n'y a pas de production agricole sans irrigation. Mais voilà ! Celle-ci vient dérégler le cycle de l'eau tant elle consomme déjà une quantité phénoménale d'eau douce. Et, dans les prochaines décennies, il faudra encore plus irriguer de terres arables si l'on veut nourrir le monde. Ce chapitre propose d'approfondir la compréhension de l'irrigation, tout comme le chapitre suivant abordera la quantité d'eau dont les plantes ont besoin pour arriver à maturité et servir la production alimentaire.

Pour aborder l'irrigation et les besoins des plantes en eau douce, il est nécessaire de savoir de combien d'eau douce nous disposons sur les terres émergées, et comment celle que nous utilisons est naturellement renouvelée.

L'EAU « VERTE » ET L'EAU « BLEUE »

L'eau verte, c'est ainsi qu'on nomme l'eau de pluie dont il tombe en moyenne planétaire 900 mm/an. L'eau de pluie touche le sol, ruisselle et s'infiltre. Elle vient alimenter les nappes phréatiques et profondes et grossir rivières et fleuves qui abondent. Dès lors, cette eau des cours d'eau et cette eau souterraine prennent le nom d'eau bleue.

L'eau de pluie arrose inégalement la surface des continents. Certaines parties du globe, comme les régions froides nordiques ou les régions chaudes équatoriales, sont particulièrement bien loties. Chaque année, la quantité d'eau charriée par tous les fleuves et les rivières du monde correspond au tiers environ des précipitations sur les terres émergées. Quant aux nappes souterraines, elles contiennent un volume d'eau de l'ordre de 70 fois ce qui tombe annuellement sous forme de pluie sur les terres émergées[(63)(73)]. L'essentiel des précipitations va aux grands fleuves des régions humides.

Quant aux nappes d'eau souterraines continentales, elles constituent un réservoir estimé à un volume d'eau équivalent au quart (8 millions de kilomètres cubes) de celui emprisonné sous forme de glace en Arctique et en Antarctique. L'eau douce des nappes d'eau est une ressource importante pour la vie des hommes, mais elle ne représente qu'une infime partie (0,6 %) de la masse d'eau planétaire, salée, qui est celle des mers et des océans. Alors que l'eau stockée sous forme de glace reste peu accessible à une exploitation quotidienne par les hommes, l'eau des nappes, tout comme peut l'être l'eau des fleuves et des rivières, est disponible et le plus souvent accessible.

L'eau douce naturellement disponible pour les hommes est donc celle qui provient des précipitations sur les continents, celle des cours d'eau et celle des nappes souterraines.

De nombreux pays, situés dans les zones climatiques arides ou semi-arides souffrent d'un déficit pluvial. Et pourtant, ils n'en sont pas moins peuplés. Leur agriculture nécessite un aménagement important aux fins d'irrigation. On peut penser que les pays copieusement arrosés de précipitations n'ont pas besoin d'irrigation. Il n'en est rien : la variété des cultures et la multiplication des récoltes conduisent à irriguer les terres agricoles un peu partout.

TERRES AGRICOLES SOUS PERFUSION

L'usage veut qu'une terre agricole irriguée produise trois fois plus qu'une terre qui ne reçoit que la pluie. Mais, ce n'est pas tenir compte du fait qu'avec le temps, le sol irrigué perd de sa fécondité. Si bien que 20 % des terres arables sont irriguées dans le monde, mais ne produisent qu'un tiers de la nourriture mondiale(76), bien loin des trois quarts prétendus.

L'irrigation a suivi de peu l'usage du sol à des fins agricoles. Elle a permis de porter les cultures et les villages de plus en plus loin des zones pluvieuses et des fleuves. En arrosant davantage de plaines et de champs, l'homme a modifié pour toujours son rapport à la terre.

Au fil des millénaires, l'usage agricole de l'eau s'est généralisé. Les techniques de forage et de pompage ont assuré l'agriculteur d'un constant renouvellement de l'eau dont il a besoin pour irriguer ses cultures.

Entre 1700 et 2000, les surfaces irriguées ont été multipliées par 60 dans le monde. Dans les années 1970-1980, en seulement dix ans, avec le développement de l'agriculture sur tous les continents, ces surfaces ont augmenté de 15 % en Afrique, de 25 % en Amérique du Sud et en Asie, de 35 % en Europe. En Union soviétique, où le régime politique exigeait une mise en valeur agricole du plus grand nombre possible de terres, les surfaces irriguées ont crû de 65 %(76). Pour vivre, pour survivre, les paysans perfusent leurs sols arables,

les dopent en eau. La production de denrées alimentaires s'est considérablement accrue un peu partout dans le monde.

Peut-on arroser autant de terres sans conséquence pour elles ? L'eau douce est-elle si abondante et suffisamment renouvelée par les précipitations pour permettre d'irriguer sans discernement aux quatre coins des pays ? Autant de questions abordées dans les pages qui suivent.

DU SEL DANS LES CHEVEUX

Lorsque vous êtes au bord de l'océan et qu'une petite brise souffle depuis la mer, rafraîchissante par ce soleil d'été, vous sentez le besoin de vous laver les cheveux tant ceux-ci sont poissés par les embruns. Les minuscules particules de sels marins ne se sont pas acharnées particulièrement sur vous. Vos cheveux serrés ont tout simplement filtré une petite partie de la charge de sels que les vents transportent sans cesse horizontalement, de l'océan vers l'intérieur des terres. Ce sont ainsi entre 50 et 300 kilos par hectare et par an de sels marins que les sols reçoivent par les brises, mais aussi par les brouillards et les pluies. Les sels sont portés jusqu'à 100 ou 150 kilomètres à l'intérieur des continents, parfois plus lors des tempêtes ou tout simplement si le relief ne barre pas la route au vent qui s'engouffre.

Dans les régions copieusement arrosées par les pluies, les sels sont rapidement entraînés en profondeur par les eaux qui percolent, se diluent dans les nappes et de là gagnent les rivières qui les reconduisent aux océans d'où ils sont issus. Au fil du temps, une partie de ces sels s'accumule néanmoins dans les profondeurs du sol, près de la zone de battance des nappes, c'est-à-dire là où le niveau des nappes fluctue selon les saisons. Les sels marins, après avoir accompagné les vents dans leur trajet horizontal vers les terres, sont conduits verticalement par les précipitations dans le sol et jusqu'aux nappes. Désormais ils sont intégrés dans l'épiderme des continents.

Dans les régions arides ou semi-arides, le problème est plus aigu. Les précipitations annuelles ne sont pas assez abondantes pour dissoudre le sel déposé en surface par les vents et l'entraîner jusqu'aux nappes d'eau souterraines et de là aux rivières. Le sel reste dans le mètre supérieur du sol, accroché au dos des argiles. À la première occasion, il sera disponible, mobilisé, prêt à se concentrer dans des parties particulières du sol, là où l'évaporation de l'eau s'opère ou, tout simplement, là où l'eau de percolation s'épuise et fait défaut. Le sel est parfois si abondant qu'il remplit tous les endroits disponibles jusqu'à constituer des encroûtements indurés.

L'HOMME ARROSE ET SALE TROP SA TERRE

Nous avons tous tendance à trop arroser nos plantes d'appartement ou de jardin. Cela relève de notre ignorance de la quantité d'eau dont a besoin une plante pour une croissance harmonieuse. Tout juste saurions-nous qu'une plante grasse (comme le cactus) peut rester sans s'hydrater assez longtemps et pourtant nous nous surprenons à lui donner trop d'eau jusqu'à, parfois, la faire pourrir. Mais qui peut se douter qu'arroser à verse sale d'autant la terre où la plante puise sa nourriture ? Un régime abondamment salé n'est bon ni pour les humains ni pour les végétaux, sauf si ces derniers se sont lentement acclimatés à des conditions de vie en milieu aride.

La disponibilité en eau dépend des précipitations et de l'évaporation qui, elle, augmente avec la température. Cette disponibilité contrôle la répartition des végétaux à la surface des terres, leur adaptation et leur évolution à travers le temps. La forêt tropicale humide sempervirente, la forêt à feuilles caduques, la savane, la steppe, la végétation des milieux désertiques, des milieux méditerranéens, la forêt feuillue tempérée, la forêt boréale de conifères, toutes sont liées à des zones climatiques différentes. Et malgré l'extrême diversité d'espèces et de variétés de plantes sauvages que chacune de ces zones porte, on distingue, pour faire simple, deux grands types de végétaux selon la nature de leurs sucres nourriciers. Ceux-ci dépendent de la fixation du carbone lors de la photosynthèse sous l'action des rayons du soleil : le sucre est formé de 3 atomes de carbone (plantes en C_3), soit de 4 atomes (plantes en C_4). Les premières fixent donc moins de carbone de l'atmosphère, mais consomment beaucoup d'eau. Pratiquement tous les arbres, mais aussi de nombreuses plantes cultivées, comme le blé, l'orge, le colza, le tournesol... sont des plantes en C_3. Les espèces végétales en C_4 fixent plus de carbone de l'air et sont moins gourmandes en eau, comme les graminées des savanes ensoleillées et des zones semi-arides, mais aussi les plantes cultivées comme le maïs, le mil, le millet, le sorgho, la canne à sucre. Enfin, parmi les plantes en C_4, certaines ont aussi la particularité de fixer les sucres non pas sous le soleil, mais en pleine nuit pour réduire leur évaporation. Dans ce cas, leurs feuilles sont très épaisses et gorgées d'eau. C'est une adaptation de la plante pour résister à un climat aride comme les plantes grasses herbacées de rocaille (orpin, joubarbe), le cactus, l'agave, l'euphorbe, ou à un manque d'accès à l'eau, comme l'ananas...

En domestiquant les plantes, l'homme les transporte hors de leur milieu naturel. Il doit s'assurer de les arroser autant que nécessaire, pour qu'elles poussent convenablement. C'est la raison pour laquelle il irrigue les cultures, mais sans connaître véritablement la composition du sol ni la quantité d'eau dont la plante a besoin. Et, la plupart du temps, il irrigue trop ! Il fournit artificiellement des volumes d'eau considérables à la terre et à la nappe phréatique. Les sels contenus dans le sol sont mobilisés et se concentrent contre nature. Ces sels sont, pour l'agriculture des pays abondamment irrigués, une bombe à retardement. Et l'innocence du paysan qui irrigue comme on le lui a indiqué, pour mieux produire, n'est que le prodrome de la mort du sol fertile. Inconsciemment, il modifie l'équilibre naturel et fragile des terres et des eaux souterraines en y introduisant une nouvelle fluctuation : ni l'argile ni l'eau qui la pénètre n'ont le même comportement physique et chimique en présence de sel ou en son absence. Suivons l'eau d'irrigation et essayons de comprendre ce phénomène.

AU FIL DE L'EAU D'IRRIGATION

L'eau d'irrigation est douce au départ, mais, à l'usage, l'eau n'est plus si douce que cela. Sa concentration en sels dissous se modifie tout au long du trajet d'irrigation. La plupart des eaux puisées dans les nappes phréatiques ou dans les rivières à des fins d'arrosage contiennent des sels minéraux sous forme d'ions (atomes présentant une charge électrique positive ou négative) ou de molécules simples. De calcium (Ca^{2+}), de magnésium (Mg^{2+}), de sodium (Na^{+}), de chlore (Cl^{-}), de sulfate (SO_4^{2-}), de bicarbonate (HCO^{-}_3), et à moindres concentrations de potassium (K^{+}), de nitrate (NO_3^{-}) et d'autres composés. À cause de l'évaporation, la teneur en sel est de plus en plus grande au fil de l'eau.

Arrivée à destination, l'eau est beaucoup plus chargée en sels dissous, mais leur proportion relative reste identique, l'évaporation ne faisant qu'accroître la concentration. Et c'est cette eau qui est délivrée au sol et à la plante. Que se passe-t-il à ce moment ?

LES MULTIPLES ROUTES DU SEL

Le sol est à la fois un buvard et un filtre. L'argile qui le constitue pour une grande part y joue le rôle principal. Minuscules – quelque dix milliardièmes de mètre – et feuilletées, les argiles développent une grande surface de contact avec l'eau. Prenons un mille-feuille et un biscuit de même dimension et enduisons de crème l'un et l'autre. Le premier peut être enduit sur les surfaces supérieure, inférieure et latérale de chacun de ses dix ou quinze feuillets empilés. Le biscuit ne peut être recouvert que sur ses six surfaces externes. On utilisera donc une bien plus grande quantité de crème sur le mille-feuille que sur le biscuit. La surface *spécifique* du mille-feuille est bien plus grande que celle du biscuit. Les argiles peuvent être comparées au mille-feuille : leurs feuillets empilés offrent un contact important avec les solutions du sol, ils peuvent donc recueillir au passage quantité d'ions et de petites molécules. Ces éléments chimiques « s'accrochent », pour ainsi dire, sur le dos des feuillets d'argile. Comme des petits cavaliers sur leurs chevaux. Sodium, calcium et magnésium sont parmi ces cavaliers.

Dans les sols arables de nos régions, le calcium et le magnésium ainsi campés sur les argiles sont prêts à être échangés avec d'autres atomes ou molécules qui seraient apportés par les eaux d'irrigation. Cette capacité qu'ont les argiles du sol à échanger les éléments chimiques qu'elles portent sur le dos avec l'eau qui les entoure est un facteur important de fertilité des sols, car les ions libérés deviennent assimilables par les racines des plantes présentes.

Les éléments chimiques ainsi « sortis » des profondeurs sont absorbés par la plante comme éléments nutritifs. En retour, ils laissent leur place vacante, qui est aussitôt occupée par d'autres éléments présents dans l'eau autour de l'argile. Ce commerce d'éléments chimiques entre l'argile du sol et l'eau qui y percole est permanent. Il prend un caractère particulier si l'eau est rajoutée par irrigation. Prenons un exemple. Dans une compétition entre le sodium d'une part, et le calcium ou le magnésium d'autre part, le sodium est préférentiellement adsorbé, capté par l'argile. Ainsi, une eau d'irrigation chargée de sodium verra celui-ci la quitter et gagner la surface argileuse. En retour, l'eau va s'enrichir du calcium que l'argile aura libéré pour faire place au sodium.

Il arrive dans certains cas où l'eau d'irrigation est déjà riche en calcium, que celui libéré par l'argile s'y ajoute. Le calcium est alors en excès dans l'eau et précipite en cristaux de carbonate de calcium (calcaire). De nombreux sols de pays méditerranéens ou semi-arides irrigués sont soumis à ce processus et voient, à quelques dizaines de centimètres sous leur surface, précipiter des horizons indurés de carbonate de calcium (encroûtements calcaires). Ils empêchent les racines des végétaux de pénétrer la terre en profondeur, limitent leur croissance et du même coup leur rendement. C'est ce même phénomène qui, dans le sud de la France, à la fin des années 1980, explique le dépérissement de parcelles de vignes.

LA PART DES PLANTES

Dans la partie supérieure des sols, l'apport en sodium par l'eau d'irrigation peut aussi se cumuler, au fil du temps, dès lors qu'elle est concentrée par les racines de la plante ; car celle-ci ne prélève qu'une infime quantité de ces sels (environ un dixième) mais transpire dans l'atmosphère presque toute l'eau absorbée. Les ions vont être captés par les minuscules argiles du sol, ou bien précipités en de petits cristaux de sels (chlorure de sodium) qui remplissent les pores et même laissent percer à la surface de fines efflorescences.

Les cultures sont directement touchées. Une trop forte teneur en sel limite la disponibilité de l'eau du sol par baisse du potentiel osmotique du végétal, c'est-à-dire que la plante ne peut plus « pomper » l'eau du sol comme elle le devrait. À court terme la fonction photosynthétique de la plante cultivée est affectée, et à long terme croissance et rendements sont remis en cause[52].

Le sol ne présente plus de structure, car en présence d'autant de sodium, l'argile reste floculée sans pouvoir s'agréger. À ce stade de salinisation le sol devient incultivable.

DES TERRES PERDUES ET DE L'EAU GÂCHÉE

De nombreuses terres, qu'elles soient utilisées pour les cultures ou pour les pâturages, sont aujourd'hui affectées par la salinisation. Le problème est mondial. En Inde, au Pakistan, en Chine, dans le Sud-Est asiatique, en Afrique sahélienne et du Nord, au Moyen-Orient, en Amérique du Nord et du Sud, en Europe méridionale, en Australie, etc., de vastes territoires sont désormais affectés par la salinisation des sols[17]. Les superficies de terres arables perdues chaque année par cette accumulation excessive se chiffrent désormais entre 10 et 20 millions d'hectares[53].

La ressource en eau est dans certains pays, comme en France, abondante et peu coûteuse ; les agriculteurs ont tendance à en utiliser beaucoup plus que la culture n'en a besoin. L'excès d'eau percole à travers le sol pour atteindre la nappe phréatique qui ainsi alimentée voit son niveau remonter progressivement vers la surface et avec elle tous les sels du sol sont remobilisés. Ils viennent se concentrer auprès des racines des plantes. Champs cultivés et prairies en meurent.

Le gâchis ne s'arrête pas là. L'eau d'irrigation subit, lors de son acheminement jusqu'au champ, des pertes importantes par fuite depuis les canaux, rigoles et conduites d'irrigation fissurés, mal entretenus ou trop anciens. L'eau s'infiltre tout le long du trajet avant d'atteindre la culture à laquelle elle était destinée. Bien plus, l'eau est parfois acheminée à des centaines, voire des milliers de kilomètres de sa source, dans des chenaux ou canaux à l'air libre. Pour ces deux raisons, on estime qu'en moyenne dans le monde, c'est environ 70 % de l'eau d'irrigation qui est perdue par infiltration et par évaporation durant le transport.

Comment remédier à ce gâchis qui touche l'eau, la terre et la plante ?

L'apport d'eau d'appoint aux cultures devrait tenir compte de ce dont le sol a réellement besoin et de la façon dont elle peut parvenir jusqu'aux racines des plantes. Une irrigation au goutte-à-goutte, lorsque la culture le permet, en délivrant l'eau nécessaire à chaque plante ; un arrosage de nuit lorsque l'évaporation est réduite ; une aspersion par les racines plutôt que par le haut ; le renouvellement des canaux et conduites défectueux ; autant de bonnes pratiques nécessaires pour réduire la perte en eau par évaporation.

Mais cela ne suffit pas à améliorer l'irrigation : il faut savoir, en fonction des cultures entreprises, de combien le sol a besoin d'eau. Pour cela sa composition, sa structure, sa perméabilité doivent être connues. Une terre argileuse, par exemple, n'a pas le même besoin qu'un sol argilo-sableux, ce dernier étant naturellement mieux drainé ; un sol développé sur granite contient au départ plus de sodium que celui différencié sur basalte. Autant de paramètres naturels des terres auxquels il faut ajuster la qualité et la quantité d'eau d'irrigation.

Le recours à des pratiques scientifiques et technologiques coûteuses, telles que l'analyse détaillée du sol et la réfection ou le changement des modes d'irrigation, demeure limité à quelques trop rares exploitants agricoles soucieux de ménager la ressource en eau douce. Et pourtant l'eau coûte cher. Beaucoup plus qu'on ne le croit et bien plus qu'on ne la paie !

L'IRRIGATION : UNE ÉCONOMIE À REVOIR

Construire des barrages et des retenues, forer des puits jusqu'aux nappes souterraines parfois très profondes, recueillir l'eau des fleuves, aménager des canaux ou des canalisations pour acheminer l'eau d'irrigation jusqu'au champ, tout cela nécessite des investissements financiers considérables. Comparés au prix de l'eau payé par l'agriculteur à l'arrivée, il faut bien reconnaître, quel que soit le pays, que le compte n'y est pas, même si les barrages sont aussi là pour fournir de l'énergie électrique et pour réguler le débit de cours d'eau qui peut s'avérer dévastateur en cas de crues.

Tout en considérant ces bénéfices secondaires, les économistes sont unanimes à reconnaître que les gains financiers de l'irrigation sont marginaux ou négatifs[(55)]. Ce qui signifie tout simplement qu'une part importante de nos impôts sert à subventionner l'irrigation à travers l'aménagement des territoires par l'État. Ne peser l'activité de la ferme qu'à travers ses coûts et ses revenus ne suffit pas à justifier le très bas prix du litre d'eau d'irrigation.

Tout d'abord, un prix mal apprécié par l'utilisateur le conduit inexorablement à utiliser l'eau en excès, à une irrigation systématique, même pour produire du foin de prairie, et enfin à irriguer ou arroser pendant les heures les plus chaudes de la journée, alors que l'évaporation est au plus fort.

Ensuite, les dommages irréversibles causés aux terres arables par l'irrigation (leur salinisation) n'ont jamais été pris en compte. De même, l'excès d'irrigation qui percole dans le sol pour atteindre les nappes avec leur cortège de sels, d'engrais et de pesticides lessivés, nappes qui finissent par vomir leurs eaux empoisonnées dans les rivières et les fleuves, conduit à la dégradation de la qualité de l'eau superficielle. Il paraît légitime de se soucier de savoir comment est subventionnée la remise à la potabilité de l'eau des nappes et des rivières, utilisée pour notre propre consommation domestique. En deux mots qui paie pour dépolluer ?

UNE LOI SUR L'EAU, SALÉE POUR LE CITOYEN

Il aura fallu, à un pays comme la France, attendre 2005 pour se doter d'une loi sur l'eau. Et cela ne s'est pas fait sans douleur tant les intérêts de la production agricole ou industrielle ont pesé. Il était temps ! Il faut reconquérir les écosystèmes que constituent les nappes et les rivières. En cela, la France a jusqu'à 2015 pour mettre en conformité ses écosystèmes et bassins fluviaux avec les normes européennes. Il faut réduire les nuisances et réhabiliter la qualité de l'eau douce. La loi française prévoit que le coût des dépollutions engagées par les six agences de l'eau, environ 2 milliards d'euros par an, sera financé à 82 % par les particuliers, à 14 % par les industriels et à 4 % par les agriculteurs qui, rappelons-le, utilisent en France plus de 70 % de la ressource en eau. Il est clair que le slogan « pollueur payeur » a fait long feu !

La déraison est poussée à son comble : non seulement les particuliers subventionnent par leurs impôts l'irrigation des terres agricoles comme on vient de le voir, mais, en plus, ils paient pour réduire les pollutions et les dégradations qu'elle engendre. C'est une aberration économique.

L'ÉPUISEMENT DES AQUIFÈRES ET DES FLEUVES

Nous venons de suivre l'eau d'irrigation jusqu'au sol et à la plante auxquels elle est destinée. Cette eau est puisée directement dans les réserves souterraines que constituent les nappes phréatiques et dans les fleuves. Car l'eau est là, partout ! S'agit-il pour autant d'une ressource inépuisable, régulièrement renouvelée ?

Les nappes d'eau souterraines d'abord. D'ordinaire, les cultivateurs sont des gens de bon sens et mesurent les dépenses dans leur exploitation. Mais aujourd'hui, l'eau ne leur coûte presque rien. Bien plus, dans certains pays, comme aux États-Unis, les lois leur permettent de déduire de leurs impôts le prix des équipements nécessaires pour exhaurer l'eau des nappes. Les exploitants agricoles sont ainsi encouragés à aller la chercher là où elle se trouve, au plus profond des couches géologiques qui galbent les paysages, à 1 000, 2 000 ou 3 000 mètres, en réalisant des sondages, pour exploiter la nappe profonde. De quoi activer leur hardiesse d'irrigateurs

La difficulté à concevoir qu'une réserve se vide lorsqu'on ne la voit pas nous est consubstantielle et nous interdit de croire que cela peut arriver. Mais allez expliquer qu'on exploite plus d'eau qu'il ne s'en infiltre ! Chacun suit son propre jugement puisqu'on ne sait que peu de chose sur la recharge des aquifères. Et même lorsque ces mécanismes sont mis au jour, la marge est grande encore entre l'acquis de la science et le besoin de certitude : les citoyens mettent du temps à assimiler la réalité des résultats des études scientifiques.

Les fleuves ensuite(17)(83). L'humanité, portant la succession des âges, a toujours vu couler les grands fleuves. Elle a même pris ancrage sur leurs rives. Pourquoi ses derniers héritiers commettent-ils autant d'imprudences en les vidant de leur eau ?

Le Niger est le troisième fleuve d'Afrique, il arrose une grande partie de l'Afrique occidentale et favorise la culture du riz, du coton, de la canne à sucre. Il s'épuise désormais dans sa traversée des plaines du Mali. En Chine, le fleuve Jaune, où a fleuri l'un des premiers foyers agricoles, est contraint de supporter l'extraordinaire développement rural du pays. Vidé d'une partie de son flux, il n'atteint la mer désormais que pendant les fortes crues. Il en est de même de l'Indus.

Les eaux des fleuves servent à irriguer les sols arables. Encaissé dans sa vallée ou serpentant dans sa plaine, le fleuve reçoit tout le long de son cheminement, l'eau qui ruisselle des champs attenants et celle qui s'écoule des nappes phréatiques. En définitive, en irrigant avec l'eau du fleuve, la partie de l'eau qui n'a pas été utilisée par les plantes, après avoir coulé sur les champs ou percolé jusqu'à la nappe phréatique, est rendue au fleuve. Et cette eau qui retourne au fleuve n'est plus la même. Sa composition chimique s'est modifiée en se chargeant de sels arrachés à l'argile du sol. C'est un effet en boucle : plus on irrigue à partir des fleuves et plus l'eau qui y retourne est salée. Un grand fleuve comme le Colorado aux États-Unis voit ses eaux se saler jusqu'à 20 fois tout au long de son cours[76]. À tel point qu'elle devient inutilisable pour servir l'agriculture du Mexique en aval. Il aura fallu construire à la fin du XXe siècle une usine de dessalement à Yuma pour que l'eau puisse être utilisée à des fins agricoles au Mexique. Depuis, les paysans mexicains irriguent leurs terres, mais le volume d'eau prélevé est si important que le fleuve s'épuise. Il se meurt en sanglots calmes sans atteindre son embouchure, sauf pendant ses grandes crues. Et c'est tout l'écosystème marin du golfe de Californie qui se désorganise au grand dam des artisans pêcheurs !

On ne saurait en effet modifier le débit des fleuves sans en subir les conséquences à moyen terme. L'évidence éclate lorsque ces fleuves aboutissent à des lacs ou mers intérieures. L'exemple de l'assèchement de la mer d'Aral, sur lequel d'ailleurs nous reviendrons, est en ce sens très évocateur. Autrefois plus étendue que la Suisse, la mer d'Aral figurait parmi les trois ou quatre plus grands lacs du monde : une mer intérieure qui a perdu aujourd'hui les deux cinquièmes de sa superficie parce que le débit des deux fleuves principaux, l'Amou Daria et le Syr Daria, qui l'alimentent est devenu insuffisant. L'eau puisée a servi pendant quarante ans à irriguer les champs de coton et de riz de l'Ouzbékistan et du Kazakhstan. Dans ces contrées semi-arides ni les précipitations ni leur alimentation en aval ne suffisaient à compenser le volume d'eau tiré pour l'irrigation des cultures imposées à l'époque par les dirigeants de l'Union soviétique.

Le coton est une culture qui consomme de l'eau (8 200 litres d'eau douce par kilogramme de coton produit), des pesticides et, dans les sols, des engrais. Le débit des deux fleuves, qui alimentaient la mer d'Aral avant 1960, était estimé à 55 milliards de mètres cubes d'eau. Le détournement de l'eau des fleuves vers les canaux d'irrigation a porté, vingt ans après, ce débit à 7 milliards de mètres cubes. Aujourd'hui le monde est au chevet de cette mer malade en essayant de rétablir, par des barrages, le remplissage d'une des deux reliques agonisantes de ce qui fut une mer intérieure. Mais les dégâts sont plus importants qu'il n'y paraît et ne laissent que très peu d'espoir[(8)]. Les forêts de saules et de tamaris des deux deltas, où se réfugiait une vie animale, se sont considérablement dégradées, entraînant une diminution de 65 % des espèces nicheuses d'oiseaux aquatiques. La pêche, florissante à l'époque avec 66 000 emplois, a cessé en même temps qu'ont disparu 95 % des espèces de poissons.

Mais le désastre écologique a touché le sol et les récoltes, se transformant en drame humain et en catastrophe économique. Les vents emportent annuellement environ 100 millions de tonnes d'une poussière toxique provenant du fond desséché de la mer pour la déposer sur les champs cultivés alentour, dont la terre est déjà repue d'ajouts chimiques apportés par l'irrigation. Les récoltes sont fortement touchées et parfois anéanties. La réduction du débit des deux fleuves a entraîné une concentration de l'eau en sels. Et le ruissellement des rives retourne aux fleuves des produits chimiques toxiques qui rendent leurs eaux impropres à la consommation humaine et causent de nombreuses maladies. Ce drame touche près de 2 millions de personnes. La conférence de Noukous, en 1995 a relevé des détériorations de l'état de santé des populations et notamment des enfants avec un taux de mortalité infantile le plus élevé du monde. Et lorsque les nouveau-nés survivent, 9 % d'entre eux sont atteints de débilité, et la taille moyenne des enfants a diminué de plusieurs centimètres. Dans certaines parties du pays, la proportion d'enfants atteints de cancer du sang est deux fois plus importante que la moyenne mondiale(8).

À l'époque, les premières images de la mer vidée de son eau, avec bateaux échoués sur le sable vif et chameaux accroupis au premier plan, avaient choqué les pays occidentaux et notamment européens. Pourtant, ces derniers, en achetant le coton d'Ouzbékistan, ont contribué pour 20 % à l'assèchement de la mer d'Aral(48).

Ce cas n'est pas unique. Le lac Chapala au Mexique a perdu la moitié de son volume et se réduit comme une peau de chagrin. L'irrigation, si utile aux hommes, devient pour les lacs, les mers intérieures et les fleuves des zones semi-arides, une plaie profonde d'où s'écoule l'eau nourricière. Certains fleuves jadis majestueux ne seront plus dans les décennies à venir que des ruisseaux égrotants.

UN CAS SYMBOLIQUE : LE NIL

Le Nil naît juste au-dessous de l'Équateur, sur les versants arrosés du Moufoumbiro au Rwanda. Il s'enfuit aussitôt vers le nord. Tumultueux, tirant sa force de précieux affluents tropicaux, il s'élance à travers le désert.

Après un long cheminement sur plus de 6 700 kilomètres, ce qui en fait le troisième plus long fleuve du monde, il atteint les bords de la Méditerranée. Sa route se termine en étalant, telle une hydre à neuf têtes, ses eaux résiduelles en un immense delta de près de 2 500 kilomètres carrés et sur un front de mer de 260 kilomètres.

Avec l'écoulement du temps, le Nil a vu se faner tant de pages d'histoire ! Évoquer son nom, c'est s'évader au fil du courant vers une partie de l'aventure de l'humanité antique, où l'homme puisait dans le ciel les principes divins et retournait au sol la vertu nécessaire à sa survie.

Dans l'immensité aride traversée par la vallée du Nil, l'eau du fleuve a rythmé lentement les millénaires passés de l'histoire des hommes, égrenée au quotidien par les routines aveugles des paysans égyptiens. Les semailles recouvertes d'un labour, les moissons, le battage des épis, le vannage ont discrètement rendu possible l'épanouissement d'une des plus grandes civilisations. Gestes résignés, répétés obstinément durant plus de trois mille ans qui ont vu lever le grain et avec lui s'installer le soubassement fécond où les peuples venus d'ailleurs s'arrêtaient, attirés par les multiples richesses offertes par le dieu agraire Osiris. Le « don du Nil » d'Hérodote n'est rien d'autre que la crue annuelle du fleuve.

L'eau portait avec elle le limon fertile qui se déposait chaque année par centaines de millions de tonnes sur les terres riveraines et dans le delta aval. Ce limon « nilote », pour les deux tiers constitué d'argile, porte les nutriments cédés par les roches éruptives et métamorphiques altérées, transformées en sols dans le haut bassin. Il est au cœur d'un cycle annuel, éternellement recommencé avec trois saisons : la montée des eaux, qui inondent les terres en pleine chaleur d'été de juillet à octobre, la période de la culture de novembre à février sur une terre encore humide et malléable pour que le soc en bois de la charrue s'y enfonce sans trop s'égriser ; et enfin la moisson, de mai à juin. Blé, orge et lin abondaient lors des années de bonne crue permettant, en prélevant directement dans le plan d'eau, d'irriguer sur le haut des berges et d'y cultiver des produits maraîchers et des lentilles. Et toute la vie égyptienne battait à ce rythme, au rythme du Nil. La richesse agricole du pays incitait les voyageurs et les nomades à s'y installer, à se sédentariser. Et même à y trouver refuge et nourriture lorsque, dans les régions alentour, les oscillations climatiques contribuaient à assécher la terre durant de longs siècles comme nous avons pu l'évoquer dans un chapitre précédent.

Parce que la vie de leur société en dépendait, depuis la plus haute Antiquité, les Égyptiens ont observé attentivement la pulsation des eaux et des débits. Et bien que leur connaissance en mathématiques et en astronomie fût bien restreinte à l'époque, ils inventèrent un calendrier très perfectionné fondé sur l'année de 365 jours. Un calendrier fluvial en quelque sorte, qui sortit les peuples méditerranéens de l'année lunaire mésopotamienne. Les historiens estiment qu'il entra en usage dès 4241 avant J.-C. et qu'il était encore utilisé par Copernic au XVIe siècle(14).

La géniale invention des Égyptiens est née d'une réponse aux nécessités quotidiennes de leur société agraire.

Alors que, pendant des millénaires, les rapports que l'homme a entretenus avec le Nil ont déterminé le développement historique du peuple égyptien, ont façonné sa culture, ont imposé ses institutions économiques, l'Égypte d'aujourd'hui voit ces rapports se modifier profondément. La cause principale en est la construction, au début des années 1960, du barrage d'Assouan qui retient l'équivalent de cinq fois le débit annuel du fleuve. Un simple barrage, et tout le rythme magique du fleuve se trouve bouleversé. Certes, ce barrage a répondu à l'aspiration d'un pays à se moderniser et se développer. Il fournit une grande partie, un tiers environ, de l'énergie électrique dont le pays a besoin et tout particulièrement sa gigantesque capitale, Le Caire. Il permet aussi de réguler l'irrigation des cultures pendant les grandes périodes de sécheresse ou tout simplement d'autoriser les paysans à obtenir trois récoltes sur des terres qui jusque-là n'en produisaient qu'une.

Enfin l'irrigation, portée au plus loin, sur les rives désertiques et dans l'entourage immédiat des villages, a transformé la terre desséchée en champ fertile. Ce sont près d'un demi-million d'hectares de sol qui se sont ainsi ouverts à la culture.

Et les eaux du lac de retenue sont poissonneuses. Le progrès est évident. Mais toute médaille a un avers et un revers. Les limons fertiles s'accumulent désormais dans les eaux du barrage. Privé de son argile nutritive, le fleuve d'aval érode son lit et ses rives, il n'apporte plus assez de sédiments à son delta pour pouvoir compenser son érosion en front de mer. De larges portions de terre à vocation agricole se perdent. L'irrigation systématique et outrancière conduit à évaporer annuellement une tranche d'eau de deux mètres d'épaisseur dans les terres du delta. Plantes et sols arables concentrent inévitablement les sels autrefois lessivés par les grandes crues. De nos jours, les résultats sont navrants et, en tout cas, ce ne sont pas ceux qu'on attendait[(76)] : plus de la moitié des terres irriguées égyptiennes voient leur production chuter. En trois ou quatre décennies, la salinisation des sols a déjà réduit de trois quarts la production de nourriture qu'apportait l'irrigation étendue à partir des eaux du barrage. Pour compenser, les fertilisants commerciaux se sont généralisés. Les produire nécessite de tirer parti de l'énergie fournie par les installations hydroélectriques du barrage d'Assouan, qui viendra en moins pour l'usage électrique des villes.

Du fait de l'évaporation et des prélèvements d'eau pour irriguer de plus en plus de cultures, le débit du Nil s'appauvrit régulièrement à l'aval. La retenue d'Assouan, où s'accumule le limon, n'est remplie qu'à la moitié de ses possibilités.

L'Égypte, en aval, n'est pas le seul pays à profiter des eaux du fleuve. Huit autres nations partagent les eaux du Nil et les projets d'aménagement de son cours à des fins agricoles en amont, au Soudan et en Éthiopie, qui « fournissent » 85 % du débit du fleuve, laissent augurer, entre tous ces États, de graves conflits. Sauf, si la sagesse les pousse à considérer les denrées alimentaires au travers de leur « équivalent-eau », c'est-à-dire le volume d'eau qui a été nécessaire pour les produire. C'est la notion d'eau virtuelle que nous allons expliquer dans le chapitre suivant.

CHAPITRE V

Quelle eau mangeons-nous ?

DÉLICES BRÉSILIENS

J'étais arrivé de Rio de Janeiro la veille dans un autocar climatisé. La fatigue du voyage se ressentait après un vol de nuit depuis Paris sans dormir. Les yeux brûlant de sommeil, je passai rapidement à la réception de l'hôtel pour effectuer les formalités nécessaires puis, à peine la porte de ma chambre refermée derrière moi, je m'écroulai sur le lit pour m'endormir d'un sommeil profond.

Mon réveil fut une renaissance. Le soleil levant inondait la chambre à travers la baie vitrée. J'entrais dans le jour naissant, le contemplant, le respirant. Les heures de stress qui avaient précédé mon voyage, la grisaille parisienne, tout cela m'apparaissait soudain merveilleusement insignifiant. De l'autre côté de la baie vitrée, que je m'empressai d'ouvrir, une véranda prolongeait la chambre. Me passant instinctivement la main sur la joue envahie d'une barbe de trois jours, je revins vers la chambre et par téléphone commandai un petit déjeuner.

Enveloppé dans un peignoir de bain, je rejoignis la véranda où le petit déjeuner m'attendait, posé sur la table. Je laissai échapper un petit rire de contentement : il y avait là un verre de jus d'orange, six tranches de pain grillées, une cafetière fumante, un récipient rempli de lait, du beurre, de la confiture de goyave, et une grande assiette garnie de tomates rôties, de pommes de terre poêlées, de fromage et une grosse omelette bavant sur le rebord du plat. Les fruits tropicaux étaient rangés à part dans une corbeille d'osier. Je n'avais rien mangé depuis longtemps, j'étais donc affamé et engouffrai littéralement ce somptueux repas.

Rassasié, je sirotai une troisième tasse de café coupé de lait. L'air du matin était diaphane. De l'endroit où j'étais assis, je voyais la mer qui venait mourir dans un bruit discret de ressac sur une plage de sable jaune clair éclaboussé d'écume. Un vent léger caressait la surface de la mer étoilée par le scintillement du soleil. Au fond de ce décor, entourant l'anse, la forêt tropicale d'où montaient mille petits bruits. Entre les arbres et la plage, une pelouse unie épousait la base circulaire d'énormes boules de granite à moitié enterrées dans le sol, vestiges oubliés de l'altération et de l'érosion. La véranda était surplombée d'une tonnelle sur laquelle grimpait un bougainvillée d'où s'échappait une imperceptible senteur tout à la fois fraîche et sucrée. Un petit chat gris s'était approché sans bruit et venait frotter son museau et sa joue sur ma cheville.

Je restais là assis un long moment, me laissant aller à ce bien-être nouveau et oubliant le temps qui passe.

Ce sont les cris et les rires d'une fillette marchant à pas lents sur le sable, accompagnée de deux garçons à la silhouette frêle, à peine plus âgés qu'elle, qui me sortirent de ma torpeur. Je me levai à regret, l'heure avançait. Il fallait me préparer pour prendre l'autobus qui devait me conduire, ainsi que d'autres scientifiques, au lieu du colloque qui nous réunissait.

Plus tard, dans l'autocar, la tête appuyée sur la vitre, je repensais à ce début de matinée, à mon engourdissement heureux dans ce site magnifique. Et ce petit déjeuner si copieux ! Les gens du coin ne devaient manquer de rien dans cette profusion tropicale où tout pousse avec la chaleur et la pluie excessive, pour peu qu'on veuille bien amender en engrais la terre. Je savais que l'eau qui s'infiltrait abondamment dans le sol rouge tropical était en grande partie accaparée par les racines des végétaux. De quelle quantité d'eau un arbre de ces forêts tropicales avait-il besoin au quotidien ? Sûrement de plusieurs centaines de litres par journée ensoleillée ! Et les caféiers en cultures sur les collines qui bordaient la route que le car avait empruntée ? Combien d'eau leur avait-il fallu pour produire les grains de café nécessaires à la confection de la caféière ce matin-là ?

Je n'eus la réponse qu'une quinzaine d'années plus tard. Elle me fut apportée par des publications scientifiques : chaque tasse de café a coûté 140 litres d'eau douce ! Mais alors les fruits, les légumes, le lait, le beurre, les œufs, le pain, tout ce que j'avais mangé ce matin-là avait donc un prix en eau ?

L'EAU SE MANGE PLUS QU'ELLE NE SE BOIT !

On aura compris à travers l'importance de l'irrigation des terres arables, que l'essentiel de l'eau douce sert à des fins agricoles. Pas moins de 86 % sont utilisés pour la vie des hommes.

Afin, tout à la fois, de comprendre comment cette eau est utilisée pour produire des aliments et comment il faut la gérer pour éviter une pénurie annoncée, le concept d'« eau virtuelle » est apparu voici une quinzaine d'années(3). Il consiste à considérer le volume d'eau qui a été nécessaire pour produire une quantité donnée d'aliment, en incluant celui, peu important, des transports et transferts de ces marchandises d'un pays à l'autre.

L'eau douce comptée à travers les denrées produites, est invisible. Et lorsqu'un pays achète des produits alimentaires à un autre pays, c'est somme toute une quantité d'eau qu'il se procure indirectement. Sans ce recours extérieur en eau impalpable, chaque pays, pour produire ses propres denrées, aurait eu à puiser dans les fleuves et les nappes qu'il partage avec ses voisins. Des situations de pénurie d'eau douce seraient vite apparues.

Dans les pays abondamment arrosés de pluies, cette eau, pour l'essentiel, n'est rien d'autre que celle utilisée durant la pousse du végétal. Ce n'est pas pour autant qu'elle ne compte pas. Il s'agit bien, à travers la denrée obtenue, de considérer l'« équivalent-eau » nécessaire à sa production. Le concept d'« équivalent-eau » prend toute sa signification dès lors qu'on considère les pays où chaque goutte de pluie est impatiemment espérée.

Pour mieux comprendre, prenons des exemples cités dans plusieurs études(19)(46)(48)(102). Le royaume hachémite de Jordanie est un pays aride. Il a de gros besoins en eau douce pour irriguer ses cultures, produire suffisamment de nourriture et satisfaire les exigences de base de sa population qui excède les 5 millions d'habitants. Ce pays puise chaque année dans ses nappes environ 1 milliard de mètres cubes, mais importe entre 5 et 7 milliards de mètres cubes d'équivalent-eau sous forme de marchandises. La Jordanie est donc dépendante en eau, mais *via* ses importations, elle économise ses propres réserves et évite de mettre à mal ses sols arables, si fragiles sous de tels climats. Ce pays mène une politique commerciale intelligente en exportant des services et des marchandises qui nécessitent peu d'eau et en important à l'inverse des denrées dont la production requiert beaucoup d'eau.

Par contre, la république arabe d'Égypte, avec plus de 70 millions d'habitants, dont le débit du Nil s'est considérablement ralenti, retire de son fleuve et des nappes trop d'eau, environ 65 milliards de mètres cubes par an, face à une importation de marchandises agricoles qui correspond, en équivalent-eau, à 10-20 milliards de mètres cubes annuels.

L'état des sols d'Égypte se détériore par l'irrigation intensive qui est faite et par la diminution de l'alimentation des bords du Nil et de son delta en « limons » fertiles. Les difficultés qui se profilent pour l'Égypte ne pourront être surmontées que par une augmentation de l'importation d'équivalent-eau dans des denrées qui nécessitent beaucoup d'eau pour être produites.

L'exemple de l'Égypte est caractéristique des pays des zones arides qui souhaitent devenir autosuffisants en production alimentaire. Ils se trouvent ainsi face à la nécessité d'exploiter toutes leurs réserves en terres arables et en eau douce pour contenter une population en plein accroissement. Ce n'est pas une bonne solution. Ces ressources risquent de s'épuiser en deux décennies. Il serait préférable de les ménager en privilégiant l'importation d'équivalent-eau, comme le fait la Jordanie.

COMPTER L'EAU ET LES NUTRIMENTS

Le volume global d'eau douce utilisée pour la production agricole est estimé, en moyenne annuelle, au début du XXIe siècle[(48)], à 6 400 milliards de mètres cubes (6 400 Gm^3). Si chaque nation devait fournir elle-même les produits agricoles de sa consommation intérieure, cette quantité d'eau douce globale serait portée à 6 750 Gm^3 par an. L'échange international de denrées alimentaires permet, à l'évidence, d'économiser un peu plus de 5 % de la consommation d'eau douce à des fins agricoles. Ce qui revient tout de même à économiser une quantité d'eau équivalente à près de 4 fois le débit annuel du Nil. L'intérêt des nations est donc de favoriser le commerce de marchandises agricoles qui nécessitent beaucoup d'eau pour être produites, depuis un pays dont la ressource en eau douce abonde vers un pays à ressource limitée. C'est, à n'en pas douter, un bienfait de la globalisation.

Mais la ressource en eau douce n'est pas la seule à considérer. L'abondance des terres arables et leur fécondité sont tout aussi importantes. Le Canada peut compter sur la richesse de sa ressource en eau, en revanche il est limité par la rareté de ses terres à usages agricoles. Ce pays est contraint de préserver rigoureusement la fertilité de ses sols et, pour cela, il doit mettre en œuvre des pratiques de conservation de sa terre, telles que le « non-labour » dont nous parlerons plus loin.

Une culture, pour croître, a besoin d'eau et de nutriments. L'eau est celle que la plante mobilise par ses racines depuis sa germination jusqu'à sa maturité, c'est-à-dire jusqu'à sa récolte. C'est en quelque sorte toute l'eau évaporée, « évapotranspirée », par chaque individu végétal tout au long de son existence. La plante a aussi sa propre eau de constitution comme toute espèce vivante. Mais cette quantité d'eau est infime lorsqu'on la compare à l'eau consommée tout au long de sa vie. Par exemple, un kilogramme de blé contient bien moins de 1 litre d'eau, en revanche pour le produire, il aura fallu entre 1 000 et 1 500 litres d'eau selon la qualité du sol cultivé.

Les nutriments sont fournis à la plante par l'argile du sol et par la matière organique dégradée devenue assimilable. Pompée par les racines et transportée sous forme de sève montante, l'eau gorgée de nutriments est ensuite distribuée dans tous les tissus et toutes les cellules du végétal. Si le sol est déficient en nutriments, comme c'est désormais souvent le cas après une exploitation prolongée du sol, on y rajoute des fertilisants, industriels le plus souvent.

Au début de ce siècle, le Japon importait des États-Unis une grande partie de son maïs, économisant environ 15 milliards de mètres cubes d'équivalent-eau par an. Procédant ainsi, ce pays économisait non seulement sa ressource domestique en eau douce, mais aussi sauvegardait 6 millions d'hectares de terre arable qu'il aurait fallu cultiver pour obtenir la quantité de maïs importée annuellement. La qualité des terres nord-américaines permettait effectivement de récolter 8,5 tonnes de maïs à l'hectare (8,5 t/ha) contre 2,5 t/ha au Japon. Produire ce maïs sur place aurait obligé ce pays à mobiliser une très grande surface de sols agricoles, pour compenser le faible rendement à l'hectare et, en conséquence, fournir beaucoup plus d'eau(48).

La plupart des États se sont constitués autour de fleuves et souvent ils se les partagent. Dès lors que l'eau de ces fleuves est pompée pour l'irrigation agricole, ils deviennent un enjeu central et vital pour les pays, si le cours d'eau est commun à plusieurs nations. Comment faire pour que la ressource ne soit pas trop entamée par un État aux dépens des autres riverains ? C'est là que l'équivalent-eau des produits alimentaires prend toute sa signification : en les important massivement, on économise pour autant la ressource en eau douce tout en fournissant assez de denrées à sa population. Plus qu'une simple question d'économie, il s'agit bien d'une action stratégique, dans la mesure où des conflits sociaux internes et des guerres entre États riverains peuvent être évités. Bien des pays, où les ressources en eau et les terres arables sont comptées, comme au Moyen-Orient, y trouvent leur intérêt et assurent ainsi leur sécurité alimentaire.

Il est donc clair que l'équivalent-eau (encore appelé l'eau virtuelle) contenu dans les produits agricoles commercialisés entre nations est un moyen d'économiser sensiblement l'usage de l'eau douce, mais aussi de préserver une partie des terres arables les plus fragiles à l'échelle de la planète. Et l'économie est d'autant plus substantielle que les denrées sont issues d'un pays à ressource en eau importante et riche en sols fertiles, comme ceux d'Europe septentrionale, et destinées à un pays auquel ces deux ressources naturelles font défaut.

LE PRIX DES CHOSES EN ÉQUIVALENT-EAU

Avant de considérer le coût relatif des denrées alimentaires en équivalent-eau, il s'agit de savoir si le prix de l'eau est lui-même convenablement estimé. Sur les 6 400 Gm^3 d'eau douce utilisée chaque année par l'agriculture, 5 330 Gm^3/an sont de l'eau verte (eau de pluie) et 1 070 Gm^3/an proviennent du prélèvement effectué par ou pour les agriculteurs dans les nappes phréatiques, les rivières et les fleuves. Heureusement, l'essentiel de l'eau nécessaire à l'agriculture est celle des précipitations naturelles. Est-ce que, pour autant, il ne faudrait donner aucune valeur à cette eau ? Elle représente presque 5 % de l'eau de pluie qui tombe sur les continents (115 000 Gm^3/an) et un peu moins de 3 % du débit de tous les fleuves du monde. Cela peut paraître dérisoire. Et pourtant, aujourd'hui déjà, de nombreux cours d'eau n'atteignent plus leur delta en période d'étiage. Pour nourrir la population mondiale, nous avons vu qu'il faudra doubler les prélèvements d'eau bleue dans la prochaine décennie et les multiplier par cinq d'ici 2050[(17)(63)]. Prélever à des fins agricoles l'équivalent de 15 % du débit mondial des fleuves en 2050 aura des conséquences sérieuses dont il faut se soucier dès à présent. Et l'une des façons de s'y préparer n'est-elle pas de favoriser le commerce global d'équivalent-eau, en sachant, qu'à ce jour, il permet de sauvegarder un tiers de l'eau dont nous nous servons pour irriguer chaque année ? On l'a dit, c'est un volume comparable au débit annuel de quatre grands fleuves comme le Nil ou l'Orénoque. Ce n'est pas rien !

Regardons un peu plus en détail, l'équivalent-eau des denrées dont nous avons un besoin essentiel. L'apport de protéines est indispensable à notre régime alimentaire journalier. On les trouve dans les végétaux et les animaux que nous consommons. Produire 1 kilo de protéines animales nécessite d'utiliser 3 à 10 kilos de protéines végétales et fabriquer 1 kilo de celles-ci requiert de consommer 1 000 à 10 000 litres d'eau douce. À titre d'exemple, pour fabriquer 1 kilo de protéines de poulet, il faut 3 kilos de protéines végétales ; le rapport est de 1 à 9 pour le porc et de 1 à 10 pour le bœuf[(29)]. Les produits carnés ont donc une plus haute valeur en eau virtuelle que les produits végétaux à la base de notre alimentation ou de celle des animaux d'élevage. Plusieurs études ont calculé le prix de revient en équivalent-eau d'un kilogramme de viande de bœuf désossé en additionnant, sur les trois années d'élevage, le fourrage et les grains employés à son alimentation, l'eau utilisée pour les services d'entretien et pour étancher sa soif. Bien sûr les résultats obtenus dépendent du terroir, du climat et des techniques de fermage mais, en moyenne, les chiffres acquis restent impressionnants : fabriquer 1 kilo de viande de bœuf nécessite d'utiliser 16 000 litres d'eau douce, 5 000 litres pour le porc, 4 000 pour le poulet.

Parmi les produits végétaux les plus consommés au monde[(48)], figurent le riz pour 21 %, le blé pour 12 % et le maïs pour 9 % : fabriquer 1 kilo de ces céréales nécessite de dépenser respectivement 3 000, 1 500 et 900 litres d'eau.

Choisir les acides aminés utiles à notre régime alimentaire, c'est économiser de l'eau. Il convient donc, à valeur égale en protéines, de privilégier des succédanés à la viande rouge. Les viandes blanches ou les associations de sources végétales sont donc recommandées, non seulement pour notre santé, ce qui est bien connu par ailleurs, mais aussi parce qu'elles permettent une économie substantielle d'eau douce. Cette recommandation doit paraître totalement inopportune aux pays émergents dont les populations accèdent à peine aux trois repas par jour et à la consommation régulière de petites quantités de viande.

Aujourd'hui, nous sommes en mesure de convertir en équivalent-eau toute nourriture, tout produit manufacturé, comme on le fait par ailleurs pour le gaz carbonique CO^2. Le concept d'eau virtuelle est souvent tourné en dérision par les agronomes qui n'ont pas eu à travailler avec les petits paysans des régions arides. Et pourtant, on aurait tort d'y voir un engouement de mode. C'est bien une donnée nécessaire à une prise de conscience du citoyen, mais aussi de l'agriculteur, de la quantité d'eau douce qu'il aura fallu utiliser pour produire sa récolte et notre alimentation. C'est ce que j'ai voulu souligner dans l'anecdote de mon voyage au Brésil. Ce petit déjeuner aura coûté pas moins de 2 000 litres : trois tasses de café, 420 litres ; un petit pot de lait, 200 litres ; deux verres de jus d'orange, 340 litres ; deux tomates, 26 litres ; une pomme de terre, 25 litres ; six tranches de pain, 240 litres ; le beurre (25 g) et le fromage (50 g), 375 litres ; un peu de confiture et un fruit, 100 litres, une omelette de deux œufs, 270 litres ! Et vous remarquerez que je n'ai pas compté les trois morceaux de sucre pris avec le café, tout simplement parce que chaque morceau a un coût en équivalent-eau de 0,5 litre, ce qui est dérisoire par rapport à chaque tasse de café qui aura consommé le plus d'eau (140 l), heureusement sous forme d'eau de pluie.

L'AVENIR DE L'EAU SE LIT DANS LA MER

Inégalement répartie, inégalement accessible, inégalement utilisée et polluée, la ressource en eau douce pousse devant elle un raz de marée de problèmes économiques, sociaux et politiques. À ce train d'exploitation de la ressource, une grande partie des nations sera touchée d'ici à quelques décennies par la pénurie. Une trentaine d'États seulement s'autosuffiront et seront convoités par le reste du monde. Le risque de conflits de l'eau est latent. Peut-on y remédier ? Certainement oui. Tout d'abord comme on vient de le voir, en favorisant les échanges mondiaux de denrées alimentaires ou, juste avant, en améliorant les techniques d'irrigation. Mais cela ne suffira pas. Et bien qu'il n'y ait pas de miracles en la matière, l'innovation technologique, la restriction du gâchis et le bon sens économique devraient nous permettre d'échapper à une crise annoncée.

L'innovation technologique doit consister à augmenter le volume d'eau douce disponible sur Terre et à rendre les cultures moins gourmandes en eau.

Tout d'abord, comment mettre plus d'eau douce à la disposition des activités humaines ? En se tournant vers le réservoir le plus important, l'océan et son eau salée*. La production d'eau douce par dessalement de l'eau de mer a été utilisée sur les bateaux et sur les îles qui en étaient dépourvues ; elle est désormais devenue une pratique courante dans de nombreux pays côtiers, et le procédé s'est élargi aux eaux saumâtres. Ce sont environ 50 millions de mètres cubes d'eau douce qui sont fournis chaque jour, soit 0,50 % de la consommation mondiale quotidienne. Chaque année, le dessalement progresserait de 10 %, mais il reste coûteux en énergie. Et c'est un gros handicap à sa généralisation systématique. Deux techniques sont utilisées à cet effet. Le procédé thermique, le plus ancien, qui est une distillation par chauffage où l'évaporation de l'océan est reproduite en l'accélérant, et le procédé par osmose inverse, qui est une filtration à travers une membrane poreuse, perméable à l'eau seule et non pas aux sels dissous qu'elle transporte. Actuellement, le procédé thermique requiert selon la technique mise en œuvre, de 7 à 16 kWh pour produire un mètre cube d'eau douce contre 4 à 6 kWh par osmose inverse. Dans ce dernier cas, l'énergie est nécessaire pour s'opposer au processus naturel d'osmose qui permet au flux d'aller du milieu le moins concentré en sels vers le plus concentré.

Les pays pour lesquels l'énergie a peu de prix, par leur richesse en combustible fossile, notamment le pétrole, ne

---

* Les données que j'ai pu consulter varient selon les auteurs. Je m'en tiens donc à ce que S. Lattemann a publié récemment[61].

regardent pas à la dépense, ils utilisent essentiellement le procédé par distillation thermique. En revanche, la plupart des autres pays se sont tournés vers la technique de l'osmose inverse. Et, dans ce domaine, chaque année les avancées et les progrès technologiques sont spectaculaires. Pour l'instant, les dépenses énergétiques restent encore trop importantes, avec une répercussion sur le prix du mètre cube d'eau douce fourni qui va de 0,4 à 0,80 euro, restant bien inférieur à celui de l'eau obtenu par distillation qui peut atteindre 1,80 euro. Mais, dans tous les cas, le coût environnemental reste élevé. L'utilisation énergétique, surtout si elle provient des combustibles fossiles, conduit à alimenter l'atmosphère en gaz à effet de serre, mais aussi en toute une cohorte de molécules organiques polluantes et toxiques pour les organismes vivants.

L'inconvénient majeur de l'utilisation des techniques de dessalement reste la quantité de saumures qu'elles génèrent. Bien qu'il faille, là encore, discerner entre les techniques employées, chaque mètre cube d'eau douce fabriquée produit entre 1 et 9 mètres cubes de saumure résiduelle dont la concentration en sel est de 10 à 100 % plus élevée que celle de l'eau de mer originelle et dont la température aussi peut être augmentée de 15 °C lors de l'utilisation des procédés thermiques. Si le procédé paraît simple, obtenir des quantités d'eau douce significatives nécessite la mise en place d'usines imposantes où les tuyauteries et les pièces en contact avec l'eau de mer qui circule sont à changer régulièrement tant la corrosion est importante. Les saumures contiennent donc des résidus métalliques arrachés par corrosion des tuyauteries, des réservoirs et des surfaces d'échangeurs de chaleur, qui sont nocifs pour l'environnement marin dans lequel sont rejetées les saumures. Parce que ces usines sont situées à proximité de la mer, il peut paraître logique d'y rejeter de l'eau résiduelle hypersalée. Mais le littoral des mers et des océans est un écosystème foisonnant de vie et très réactif aux moindres variations de salinité ou du contenu chimique, notamment en métaux lourds toxiques et en chlore (présent dans l'excès de chlorure de sodium des saumures).

Certaines agences de protection de l'environnement se préoccupent des produits chimiques rejetés et fixent, par exemple, à 7,5 microgrammes supplémentaires par litre la valeur plafond du taux de chlore dans l'eau de mer. Le chlore est un désinfectant puissant, rejeté en trop grande concentration dans le milieu marin, il poursuivra son action biocide sur la flore et la faune naturelles. Le Moyen-Orient qui à lui seul fournit entre 11 et 15 millions de mètres cubes par jour d'eau douce dessalée, est un gros pollueur par le chlore. Des prélèvements dans le golfe Persique ont révélé des concentrations de chlore pouvant atteindre jusqu'à 250 microgrammes de chlore par litre !

La Méditerranée ne s'ouvre sur l'océan Atlantique que par le détroit resserré de Gibraltar. Ses eaux ne se renouvellent pas suffisamment pour compenser à long terme l'évaporation qui les affecte : il en résulte qu'elle est naturellement un peu plus salée que ne le sont les eaux de l'Atlantique. Les pays riverains se tournent massivement vers les techniques de dessalement pour les besoins de leur agriculture et pour alimenter les villes côtières en eau potable. Ce sont environ 5 millions de mètres cubes par jour d'eau douce qui sont ainsi fabriqués, dont les trois quarts par osmose inverse. Il n'empêche qu'une quantité supérieure de saumures est quotidiennement rejetée dans une mer déjà bien salée. Adieu nos posidonies et autres espèces moins visibles !

Les techniques de dessalement par osmose inverse auront tendance à se généraliser. Il faudrait que les progrès technologiques sur les membranes synthétiques permettent très rapidement de minimiser la quantité de saumures induites, ou débouchent sur un moyen de les utiliser plus efficacement, et que les impacts écologiques soient correctement cernés.

DES PLANTES « INTELLIGENTES »...

Parmi les autres innovations technologiques à mettre en œuvre, figure l'amélioration des variétés de plantes, notamment de céréales, afin qu'elles développent des stratégies moins dépensières en eau, sans pour autant que les rendements en soient diminués.

Toutes les plantes ont besoin d'eau pour vivre, certaines moins que d'autres, s'étant acclimatées naturellement au cours de leur évolution à des conditions plus arides. Les continents sont couverts de plantes qui n'ont pas arrêté de s'adapter à la variabilité climatique qu'a connue l'histoire géologique de notre planète. Cette variabilité, si elle peut être brutale et de l'ordre de la décennie, est le plus souvent étalée sur des siècles ou des millénaires, laissant tout loisir aux êtres vivants et surtout aux végétaux de s'adapter par sélection génétique aux nouvelles contraintes des intempéries ou de leur absence.

Malheureusement, l'homme est un être pressé de se reproduire et de se multiplier, car sa durée de vie est relativement courte comparée à celle de l'échelle de temps d'adaptation de certaines espèces végétales. Cet empressement en fait pour de nombreuses autres espèces vivantes, animales et végétales, un redoutable prédateur. En termes plus convenus, nous dirons que c'est un redoutable consommateur ! Pour faire face à cette course contre la flèche du temps, l'homme a empiriquement sélectionné et sans cesse amélioré, en les croisant, les variétés et même les espèces de plantes comestibles. Ce croisement est une hybridation sexuée et concerne directement les gènes. C'est ainsi que l'homme a domestiqué les plantes indigènes avant d'en transporter les graines et de les adapter à d'autres contrées, sous d'autres climats.

La domestication des formes sauvages en formes cultivées a entraîné, pour les nouvelles plantes obtenues, d'importantes transformations morphologiques et des rendements accrus. Au fil de son histoire agricole, profitant sans doute de périodes climatiques favorables (optimum romain, optimum du Moyen Âge), l'homme, dans ses conquêtes de nouvelles terres, a su sélectionner et multiplier les variétés pour les adapter soit aux changements climatiques, soit aux nouveaux sols arables que l'extension démographique de ces époques fastes nécessitait. Sans s'en douter, il induisait pour chaque espèce cultivée, une grande diversité variétale.

Parmi elles, le riz, domestiqué voici près de 10 000 ans, sans doute indépendamment en Chine, en Inde et plus tard en Afrique, doit son succès comme céréale cultivée, à sa capacité à s'adapter à des conditions climatiques bien différentes et à des paysages très contrastés. L'homme a ainsi pu, depuis sa découverte, sélectionner et cultiver plus de 100 000 variétés, faisant de cette plante « un immense réservoir de diversité génétique[25] ». Tout en sélectionnant au fil des décennies des variétés de meilleur rendement, l'homme a, sans le savoir, obtenu des céréales généralement plus résistantes au manque d'eau que les variétés d'origine. Mais c'est encore une économie d'eau insuffisante pour préserver la ressource en eau douce et accroître la superficie des terres cultivées en gagnant sur des terres trop arides.

Et l'homme a vite compris qu'une population suffisamment nourrie pouvait se tourner vers des produits plus savoureux ou chatoyants. La dimension commerciale réduite jusqu'alors au rendement a vu la prise en compte à partir du XXe siècle de l'amélioration de caractères de goût et d'esthétique.

Aux méthodes d'amélioration des plantes comestibles reposant sur l'hybridation sexuée entre variétés d'une même espèce ou entre espèces différentes, ou bien reposant sur l'induction volontaire de mutations, l'homme a ajouté l'amélioration des techniques de travail du sol, de son amendement et de lutte contre les pathogènes et les ravageurs. Un des résultats fut, au cours du dernier siècle, d'accroître très significativement les rendements par hectare des produits agricoles de base. Ce fut le cas pour le riz, pour le blé, pour le maïs sans pour autant augmenter de beaucoup les superficies de terres arables.

... AUX PLANTES GÉNÉTIQUEMENT AMÉLIORÉES

Il est connu qu'une population mieux nourrie vit plus longtemps, poussant les sociétés à se multiplier dans un premier temps, puis à améliorer leurs conditions de vie. Mais richesses et progrès ne sont hélas pas répartis équitablement. Pour les sociétés aussi, le développement n'est pas linéaire et, devant l'explosion démographique sans précédent qui se profile, des scientifiques avaient déjà compris vers les années 1970, que ni les méthodes d'amélioration des plantes ni la surexploitation des terres ne suffiraient à faire face aux besoins alimentaires mondiaux du XXIe siècle, à moins d'épuiser à court terme le riche filon capable de nourrir les hommes : le sol, son eau et sa biodiversité.

Depuis que la structure de l'ADN a été découverte voici plus d'un demi-siècle, les scientifiques ont pressenti que la génétique des plantes était susceptible de résoudre, dans de brefs délais, les besoins alimentaires subitement accrus. De plus, depuis la fin du XXe siècle, on assistait à une stagnation de la productivité alimentaire, notamment pour le blé et l'orge. Il fallait mettre au point des méthodes de production agricole qui ménageraient les plantes, les soustrayant aux attaques des parasites et des maladies.

Tous les organismes vivant sur la planète présentent un code génétique universel. Et toute la vie, des bactéries à l'homme en passant par les végétaux, est organisée autour de ce code, toujours le même. C'est la raison pour laquelle les échanges de gènes, appelés « flux de gènes », sont constants entre les créatures vivantes. Ils auront permis et permettront une adaptation permanente des organismes aux fluctuations des conditions de milieu. On peut y voir un des fondements de l'évolution du vivant.

C'est sur ce principe naturel et sur la connaissance récemment acquise des caractères et des fonctions des gènes, que l'homme a mis au point la transgenèse, c'est-à-dire la modification volontaire du patrimoine génétique d'une variété ou d'une espèce. Les organismes génétiquement modifiés sont ainsi apparus, accélérant formidablement l'obtention de variétés ou d'espèces de plantes jusque-là améliorées par les croisements conventionnels. On connaît l'extrême méfiance de la population à l'égard des plantes modifiées par les biotechnologies et les polémiques qui font rage, jusqu'à la violence.

Ces découvertes sont souvent réalisées par de grands groupes internationaux semenciers, qui s'empressent de déposer des brevets devant leur permettre d'avoir l'exclusivité de nouvelles variétés de céréales ou d'autres plantes annuelles alimentaires tolérantes à des herbicides ou des insecticides. Cette course à la brevetabilité du vivant agace et trouble profondément car elle intéresse la matière animée, celle dont nous sommes faits. De plus, elle risque de renforcer le monopole des semenciers dans un monde où le souci quotidien demeure l'accès à une nourriture suffisante, notamment chez les agriculteurs des pays peu développés qui, pour leur production, seraient dépendants de quelques grands groupes privés. C'est la raison pour laquelle la recherche publique doit redoubler d'efforts et s'emparer du progrès que ces plantes apportent à l'humanité et y joindre dans leur exploitation toute l'éthique requise, sans que leur décision soit affectée par une quelconque pression de grands groupes de l'industrie alimentaire soucieux de vendre leurs graines ou leurs produits.

Les scientifiques d'organismes publics de recherche décidèrent de mettre au point en quelque sorte des « plantes intelligentes » économes en eau, résistantes aux maladies, fixant plus de gaz carbonique, pouvant vivre dans des conditions de milieu contraignantes, etc. Ils se tournèrent vers les découvertes de la génomique. Dans ce domaine, les progrès considérables ont permis d'identifier, pour les espèces végétales de grande importance agronomique, des ensembles de gènes, responsables de fonctions ou de caractères d'adaptabilité ou de tolérance à des milieux plus secs, plus salés, plus humides, plus chauds ou plus froids. Ces gènes sont appelés « gènes d'intérêt ». Car le progrès est là ! On ne cherche plus le rendement pour le rendement, mais bien le moyen de nourrir plus de monde avec les terres et l'eau dont notre monde fini dispose.

La connaissance du fonctionnement du génome, dans un milieu qui se modifie par bifurcations soudaines, est une garantie pour y adapter les végétaux utiles à notre alimentation plus vite que ne le ferait la simple évolution naturelle. Un gène peut s'exprimer en fonction du temps : à un moment de la journée ou à un stade de croissance de la plante (jeune, âgée) ou bien après le déclenchement d'un signal spécifique externe (lumière, manque d'eau, agent pathogène...) ou de signaux émis par la plante elle-même : hormones, métabolites... La régulation de l'expression des gènes est donc un facteur important dans l'adaptation des plantes à un environnement en constant changement[56].

Pour l'heure, les découvertes, de ce qu'on peut appeler aussi les « gènes climatiques », sont actuellement en cours dans de nombreux laboratoires de recherche universitaire au Brésil, en Afrique du Sud, aux États-Unis, en Europe. Plantes et céréales pouvant s'adapter à des arrosages limités et à des sols salés demeurent les seules possibilités d'augmenter les surfaces arables de pays arides ou semi-arides ou de réhabiliter des terres salinisées par une irrigation intensive. Les exemples sont très nombreux, prenons-en un mis au point en 2003[57].

Il faut rappeler que les plantes qui puisent leur eau dans un sol trop salé par irrigation finissent par prélever par leurs racines une part importante de sodium qui, porté par la sève montante jusqu'aux feuilles où il s'accumule et induit la mort de la plante. En collaboration avec des chercheurs anglais et japonais, l'INRA a identifié dans une plante modèle, l'arabette, le gène permettant le transport du sodium depuis les feuilles jusqu'aux racines, c'est-à-dire le mécanisme naturel par lequel une plante résiste à l'accumulation de sel dans ses organes supérieurs en le réexportant vers ses racines. La modification de ce gène affecte fortement la résistance de la plante au sel. Lorsqu'on sait que près de 10 millions d'hectares de sols cultivables sont perdus chaque année par salinisation, due à l'irrigation, il faut admettre que, dans cet exemple, la modification génétique d'une plante est un progrès technologique qu'il ne faut pas rejeter sans en mesurer les implications.

CHOIX DE CULTURES

La mise au point de variétés génétiquement modifiées, avant de les cultiver, requiert de nombreuses précautions notamment celles d'une innocuité pour les consommateurs. Cette fois, ce n'est pas la technique en elle-même qui nécessite du temps, mais les procédures d'entrée sur le marché en toute sécurité. Et cette difficulté s'accroît face à la méfiance du public, notamment en Europe, poussant à considérer d'autres voies complémentaires (car l'un n'exclut pas l'autre) à l'économie d'eau d'irrigation.

Prenons le cas du maïs en France. Pour celui qui voyage dans le Sud-Ouest l'été, les arrosages abondants réalisés en plein soleil par les agriculteurs choquent. Les conversations, allant bon train entre les citadins vacanciers, évoquent très souvent cet objet de scandale et proposent, selon l'humeur, de cultiver à la place des pois chiches, de l'arachide ou du sorgho, à l'extrême limite de ne pas cultiver du tout de plantes de plein été !

Le maïs est originaire du Mexique et son ancêtre sauvage est la téosinte. C'est une plante exigeante en luminosité, même après plusieurs millénaires de domestication et de croisements[71]. Raison pour laquelle son cycle de développement est bref, avec un semis en avril et une récolte en novembre. Son système de reproduction est sensible à la sécheresse et nécessite un arrosage en plein été, bien que cette plante dite en C_4 soit bien moins gourmande en eau que ne l'est une plante en C_3 comme le blé. Mais cela ne transparaît pas à l'observateur parce que le blé se nourrit des eaux de pluie de l'automne où il est semé, pour mûrir au printemps suivant, avec les premières chaleurs.

Sélectionner des variétés de maïs un peu plus précoces ne résoudrait que peu le problème d'une irrigation estivale abondante. En revanche, une irrigation programmée loin d'une évaporation intense, la nuit, limiterait le volume d'eau utilisée pour le trempage du sol. Il faut pour cela se doter de matériel informatique performant et proposer une éducation aux nouvelles technologies. C'est coûteux mais nécessaire. Il ne reste plus qu'à convaincre nos agriculteurs du Sud-Ouest de s'y mettre. Là réside probablement la plus grande difficulté. Ou alors, faisons ce que le bon sens du vacancier préconise : cultivons des plantes dont le cycle de croissance serait soutenu par l'eau de pluie printanière. C'est bien sûr un choix de culture qui ne tient absolument pas compte des exigences des marchés. Il faudra bien, un jour, que la rareté des ressources en eau douce générée par l'économie de marché soit prise en compte et pousse les marchés à modifier leurs pratiques[42], obligeant à repenser les cultures au plus près des saisons. C'est à ce prix que l'économie « verte » dont glosent de nombreux scientifiques et économistes deviendra réalité en agriculture. Il faudra bien choisir, et vite, entre une production agricole à la mesure de nos fins ou une production agricole à la mesure de nos moyens.

CHAPITRE VI

Une terre vivante si convoitée

CONTE DE TERRE

Un dernier baiser à sa maman marquait d'ordinaire le début de sa nuit, annoncée par quelques bâillements successifs, rappelant une journée bien remplie tout au long de laquelle il avait mêlé les personnages de chevaliers courageux à sa vie d'enfant.

Mais, pendant les vacances, on lui permettait de se coucher un peu plus tard, et il avait droit à deux ultimes histoires. L'une que lui lisait sa grand-mère, l'autre qu'il m'était permis de lui raconter, avec consigne de ne pas la faire durer trop longtemps. Ce rituel était impatiemment attendu autant par moi que par mon petit-fils. Y manquer m'aurait empêché de dormir, ce qui dut arriver une fois ou deux, à cause d'une désobéissance quelconque. Et, lorsque la sentence parentale tombait, une infinie tristesse me serrait le cœur en voyant le visage déconfit du petit garçon.

Nous avions passé une matinée radieuse à courir dans le jardin, à grimper aux branches des arbres et même à planter des graines de capucines, en dérangeant quelques vers de terre qui après avoir été surpris et s'être rétractés, s'effilaient pour regagner l'intérieur de leur galerie. Et ce soir-là j'eus l'idée de lui raconter une histoire de ver de terre.

« C'est l'histoire d'un ver de terre dénommé Albert, si petit et avec si peu d'anneaux qu'il ne pouvait pas s'étirer et se contracter suffisamment pour circuler rapidement dans ses galeries, au point que d'autres vers, plus costauds, occupaient les trous qu'il creusait. Il en était réduit à vagabonder sans s'arrêter d'affouiller. Il y avait un monde fou sous terre, d'abord une foule d'autres vers, mais aussi des fourmis, des petits cafards, des mulots, et surtout des taupes. D'affreuses et méchantes taupes qui se régalaient de tous les vers de terre qu'elles rencontraient en creusant leurs galeries. La vie était impossible dans le sol surpeuplé et en plus dangereux, très dangereux. La plupart des amis d'Albert avaient terminé leur vie dans le ventre d'une taupe. C'est pourquoi Albert avait décidé de vivre en surface.

Ce jour-là, alors qu'il rampait péniblement à travers les feuilles et les tiges qui jonchaient la litière, Albert eu la peur de sa vie. Une mésange installée sur la branche du marronnier lui demanda brutalement : « Que fais-tu là petit ver ? Sais-tu que je pourrais te gober d'un seul coup de bec et que n'importe quel autre oiseau que moi l'aurait déjà fait ? Le petit Albert fondit en larmes et à travers ses sanglots réussit à expliquer à la mésange qu'il ne pouvait plus vivre sous terre tant il avait peur de finir dans le ventre d'une taupe. L'oiseau lui dit qu'il avait bien de la chance d'être si petit car il n'aurait pas pu assouvir sa faim et, touché par les pleurs du ver, il lui donna un conseil : "Regarde tous ces marrons tombés par terre, il y en a bien un ou deux qui sont troués. Tu devrais y trouver refuge et en faire ta maison. De la sorte, tu seras tout à la fois hors de portée des taupes et à l'abri des oiseaux qui ne pourront te picorer." Le ver trouva cette idée astucieuse et salvatrice. Il s'installa aussitôt dans le marron non sans remercier la mésange. Celle-ci se prit d'amitié pour Albert et ils ne se quittèrent plus. »

Mon petit-fils me pressa de mille questions sur le ver, sur la mésange, sur leur amitié naissante. Je lui promis la suite des aventures pour le lendemain soir, mais aussi d'aller au matin examiner avec lui la terre et tous ses habitants.

Cette histoire du ver de terre fut suivie de bien d'autres, me permettant, au fil des ans, d'initier mon petit-fils à la terre vivante et féconde. C'est cette terre foisonnante de vie que je me propose d'aborder. Elle est si complexe dans son organisation qu'on ne peut l'aborder qu'à travers quelques points saillants, au risque sinon de se perdre dans cette foultitude d'espèces et de variétés vivantes. Car la terre est vivante, et c'est cette diversité biologique qui la rend fertile et productive lorsqu'on l'exploite pour nos besoins. Nous examinerons deux exemples significatifs : celui des vers de terre et celui des bactéries. Le premier est observable à l'œil nu, le second est invisible, il agit dans l'ombre. Ces espèces vivantes cumulées à l'échelle de l'étendue des terres émergées sont considérables.

Cette vie souterraine est si active dans ses fonctions de nutrition, de décomposition de la matière organique végétale, qu'elle joue un rôle dans les cycles du carbone et notamment du CO^2, et de l'azote. Ce rôle a été minimisé et pourtant nous verrons dans les pages qui suivent, qu'il est prépondérant. Il règle en grande partie la respiration de la surface des continents, et joue sur le taux de gaz carbonique de l'atmosphère, c'est-à-dire sur le réchauffement de la température moyenne du globe.

SANS FERTILITÉ DES TERRES POINT DE SALUT

Un sol est fertile s'il contient suffisamment de nutriments pour alimenter les végétaux qui y poussent, et si ce véritable garde-manger est régulièrement et naturellement renouvelé. Pour cela, deux éléments sont primordiaux, à la source de tous les autres paramètres qui font qu'un sol est dit « productif ». Ce sont respectivement les argiles et la matière organique.

Rappelons que les argiles sont ces minuscules minéraux de quelques milliardièmes de mètre disposés en feuillets (silicates en feuillets) empilés plus ou moins régulièrement et qui retiennent sur et entre leurs feuillets des atomes ou des petites molécules d'éléments dont les plantes ont besoin pour vivre et se développer : calcium, magnésium, potassium, fer, aluminium, oligoéléments, phosphore, composés carbonés et azotés... tous entourés de molécules d'eau et solidement arrimés à l'argile. Avec ces nutriments accrochés de toutes parts, l'argile ressemble à ces « cars rapides » qui sillonnent les routes et les pistes de terre rouge d'Afrique, débordant de passagers et de colis.

La formation d'un sol argileux de quelques mètres d'épaisseur nécessite quelques dizaines à quelques centaines de milliers d'années. L'argile est donc très précieuse à la fertilité d'une terre. À l'échelle humaine, une fois en place, l'argile est irremplaçable. Elle constitue un capital à épargner coûte que coûte. Sa richesse en nutriments dépend tout d'abord de la composition des roches qui l'ont enfantée, et aussi du climat ; car une pluie trop abondante aura tendance à entraîner dans son écoulement bien des éléments chimiques vers les rivières. Cela de moins à récupérer entre les feuillets de l'argile.

La matière organique du sol est constituée à la fois par tous les organismes et micro-organismes vivants animaux et végétaux et par leurs cadavres et leurs débris qui s'accumulent à leur mort. Eux-mêmes sont décomposés par des bactéries et des champignons qui s'en nourrissent, tout en libérant le carbone, l'azote, le phosphore, le soufre et tous les autres éléments qu'ils contenaient. Une partie de ces éléments chimiques peut s'ancrer sur et dans les argiles. Une autre partie s'organise en molécules directement assimilables par les racines des plantes.

La matière organique est plus labile que l'argile, sa décomposition est de l'ordre de quelques saisons. À l'origine de la litière sont les végétaux qui, au fil des jours et des années, livrent d'énormes quantités de débris, feuilles, branches, tiges. Eux-mêmes, comme tout organisme vivant, viennent à mourir sur place. Et tout ce petit monde s'amoncelle par terre, y pourrit doucement pour disparaître de notre vue assez rapidement et constituer l'humus noir du sol. Et à la saison suivante, tout recommence.

Qu'est-ce qui fait pourrir ces débris de plantes et comment sont-ils incorporés au sol ? La diversité de ces créatures vivantes est pour l'essentiel responsable de la fragmentation, de l'incorporation et de la dégradation de la matière organique. En quelque sorte, c'est un recyclage naturel et continu, indispensable pour que la vie elle-même, animale et végétale, se perpétue. On estime que le poids des organismes vivant dans le sol serait de l'ordre de 6 à 8 tonnes par hectare. Quelques exemples nous montrent combien ce recyclage est nécessaire à la qualité des terres.

DARWIN ET LE VER DE TERRE

Les vers de terre ont toujours étonné les savants qui observaient leur travail patient et ininterrompu. Un des plus célèbres est Charles Darwin. Dès ses premiers écrits[27], alors qu'il n'est âgé que de vingt-huit ans, il décrit avec une extrême minutie le travail insignifiant que réalise chaque ver de terre commun. Lorsqu'on multiplie la multitude de vers présents, qui œuvrent simultanément, par la longueur du temps qu'ils y passent, on se rend compte de la tâche considérable qu'ils accomplissent.

À la fin de sa vie, au sommet de sa célébrité due à sa théorie de l'évolution par sélection naturelle, Charles Darwin publie toujours sur les vers de terre. Cette fois, il s'agit d'un ouvrage important qui dissèque, au sens propre, le lombric, son comportement utile à la fertilisation du sol[28].

Aujourd'hui, ses recherches dans ce domaine, pourtant si remarquables, sont très peu citées, quand elles ne sont pas ignorées, par les spécialistes de l'étude du comportement de la faune du sol. Les scientifiques aiment se référer aux publications les plus récentes, faisant ainsi montre d'un savoir à la pointe, affûté par des techniques d'analyse modernes et sophistiquées. Mais c'est Darwin qui a mis au jour par ses recherches le travail considérable que font les vers de terre. Et peu d'avancées nouvelles sont venues révolutionner les concepts décrits, sinon en les généralisant, en les affinant, ou en montrant les dégâts causés par l'action anthropique.

Pourquoi s'intéresser aux vers de terre ? Parce qu'ils constituent la masse essentielle des petits animaux vivant dans la litière du sol. Sous forêt, dans les 20 centimètres supérieurs du sol, on compte près de 2 millions d'individus à l'hectare, constituant les trois quarts du poids total des créatures qui y vivent. Et sous pâturage, ce sont 10 millions d'individus qui ont pu être estimés, avec un poids pouvant atteindre 2 tonnes à l'hectare, tout autant que celui des moutons qui y paissent.

Parmi les espèces de vers de terre, certaines vivent essentiellement dans la partie supérieure du sol, ce sont celles que les jardiniers rencontrent en binant leur terrain ; d'autres peuvent se déplacer jusqu'à des profondeurs de plusieurs mètres et éviter leur propre dessèchement. Les vers fragmentent les débris organiques dont ils s'alimentent, ils viennent même, dans les champs de culture, tirer, la nuit, les résidus de moisson jusque dans leurs galeries ; paillage dont on peut observer de jour l'amoncellement en tas réguliers ramenés par les vers au-dessus de leurs trous[99]. Les vers de terre se nourrissent essentiellement de matière organique morte, mais en l'ingérant, ils s'empiffrent aussi de très fines particules d'argile et de minéraux. C'est ainsi que, par hectare et par an, ils consomment environ 90 tonnes de matière organique, et par leurs mouvements et leurs rejets, brassent environ 200 tonnes de terre[36]. Leur action est essentielle à la survie du sol car, tout en aérant sa partie supérieure, ils participent au mélange intime des fragments de matière organique et de l'argile sous-jacente, au brassage des nutriments, et donc contrôlent, avec l'humidité, la structure du sol, indispensable contre l'érosion naturelle. C'est aussi grâce à leur action de fouisseurs et de remodeleurs que l'eau peut s'infiltrer plus aisément en profondeur.

Les galeries creusées par les vers sont tapissées de nombreuses bactéries qui, pour se nourrir, profitent de la matière organique enfouie en consommant davantage son carbone que son azote. Le résultat est simple : les minuscules fragments de matière organique s'enrichissent relativement plus en azote qu'en carbone au plus grand profit des végétaux qui, par leurs racines, puisent leurs nutriments en profondeur.

Mais les vers sont très sensibles à l'acidité du milieu. C'est pourquoi ils sont moins nombreux dans les sols sous forêts, où l'acidité est plus forte, que dans les sols sous prairies. Dans une terre trop amendée en fertilisants minéraux azotés et phosphorés, les acides nitriques et phosphoriques qui s'y forment, acidifient considérablement le milieu, au grand malheur des vers de terre qui disparaissent, et avec eux, une des conditions de la fertilité naturelle du sol. Les fertilisants organiques ou l'utilisation de fumier créent des conditions bien moins acides qui ne sont pas fatales aux vers. D'ailleurs, ils adorent de tels mets, au point qu'une centaine de mille de leurs congénères peuvent se régaler de 30 tonnes de bouse de vache en une année !

Ils sont donc considérés comme de bons indicateurs de l'impact des pratiques agricoles. Quant à l'emploi des fongicides sur la communauté des vers, on présume de leur nocivité à en juger des résultats néfastes que le sulfate de cuivre, utilisé massivement sur certaines cultures, a pu avoir sur eux.

Bien des sols sont épuisés d'avoir été exploités sans retenue, à renfort d'engrais et de pesticides. Leur fertilité pourrait reprendre des couleurs grâce aux vers de terre, si l'on en croit les résultats obtenus dans la production de thé de l'État de Tamil Nadu en Inde par des chercheurs de l'université Pierre-et-Marie-Curie et de l'Université de Sambalpur. Depuis une dizaine d'années, la production des plantations de thé ralentissait régulièrement malgré l'utilisation croissante d'engrais et de pesticides. Après près d'un siècle de culture intensive, les sols étaient dégradés, dépourvus de leur humus. En désespoir de cause, des vers de terre d'une espèce commune aux régions tropicales ont été introduits sur plusieurs plantations, avec leur nourriture : des résidus de la taille des théiers associés à du compost. « Le résultat fut spectaculaire. Après trois ans seulement, la production de feuilles de thé a augmenté de 35 à 240 %, et la rentabilité des exploitations s'est accrue de 28 à 260 %(41). »

Charles Darwin avait vu juste : par petites touches répétées, le sol se construit(6) ou, comme dans ce dernier exemple, se reconstruit. L'espoir ne réside cependant pas seulement dans l'action des vers de terre. La terre abrite aussi ce qui ne peut être vu à l'œil nu.

LE MONDE DES TOUT-PETITS

En creusant la terre, qui se soucie de ce micromonde qui pullule et qui reçoit tous nos déchets, tous nos oublis ? Il est ignoré de tous ou presque, à l'exception en effet des scientifiques qui leur consacrent leur vie(1)(97). Et pourtant, c'est la moindre des choses, car que seraient la vie et sa diversité sans lui ? Nous respirons et nous digérons grâce à lui, de même que les plantes. La terre féconde regorge de bactéries, d'actinomycètes (bactéries filamenteuses), de champignons, d'algues, de protozoaires, dont chaque individu est inférieur au micromètre. La plupart d'entre eux se tapissent dans les 30 centimètres supérieurs du sol, là où la nourriture abonde, car ils s'alimentent du carbone des débris végétaux et des animaux. Le carbone n'est pas perdu pour tous ! Si ces micro-organismes n'existaient pas, la Terre serait jonchée de cadavres.

Parmi eux, les bactéries et les actinomycètes ont une activité prépondérante dans le sol. Bien sûr, nous verrons aussi que le rôle des champignons filamenteux, les pseudomycéliums, est important et comparable à celui d'un médiateur pour établir une bonne communication entre les végétaux.

Les bactéries s'adaptent aux variations de leur environnement de façon impressionnante. Elles existent depuis des milliards d'années et seront encore là bien après les hommes. Elles ont accompagné le développement de la vie sur notre planète. Certains organes des cellules des êtres vivants (animaux, végétaux et humains) qui leur permettent de respirer, dérivent au cours de l'évolution des restes de bactéries ingurgitées par les espèces vivantes et dont le matériel génétique a été mis en commun pour le plus grand bien de l'évolution. C'est le cas des mitochondries, petits corps de nos cellules, qui possèdent leur propre génome et qui règlent la respiration de celles-ci. Il en est de même des plastes des cellules végétales qui contrôlent la respiration photosynthétique des plantes vertes.

Chaque gramme de sol contient plus d'un milliard de bactéries, chiffre multiplié par dix lorsqu'on s'approche d'une racine de plante. Leur masse cumulée serait équivalente à celle des végétaux. Il existe de très nombreuses espèces de bactéries, des dizaines de milliers, vivant en colonies pour mieux résister, mieux s'adapter aux variations répétées, discontinues, des conditions de milieu ; car l'union fait la force. Autrement dit, le multiple n'est pas l'addition du simple, il est plus, il permet à des forces nouvelles d'émerger et de se manifester. Les bactéries se spécialisent dans les produits fournis par la matière vivante : carbone, azote, phosphore, oxygène... dans lesquels elles puisent leur énergie.

Certaines bactéries peuvent même, en émettant des substances acides, dissoudre des minéraux et libérer leur phosphore qui devient disponible pour les plantes ; nous reviendrons sur les cycles de l'azote et du phosphore plus avant dans cet ouvrage mais, afin de bien souligner le rôle irremplaçable des bactéries, abordons dès maintenant le devenir de la matière organique.

LE FESTIN DES BACTÉRIES

Les débris organiques végétaux, qui s'accumulent dans la litière, sont fragmentés par l'activité de la faune qui y réside, dont les lombrics.

Les bactéries viennent s'installer sur ces fragments pour y cueillir l'énergie et les nutriments dont elles ont besoin. Chaque molécule organique est un assemblage d'atomes de carbone, d'hydrogène, d'azote, d'oxygène associés par des liaisons énergétiques plus ou moins fortes. En brisant ces liaisons entre atomes, les bactéries récupèrent de l'énergie qu'elles utilisent pour vivre et se multiplier. Les molécules les moins complexes sont les sucres (glucose). Ils sont consommés en premier, et rapidement, par les micro-organismes. Avec la complexité grandissante du mode d'assemblage des autres molécules, c'est-à-dire avec des cohésions de plus en plus fortes entre les atomes qui les composent, leur dégradation, leur « consommation », par les bactéries requiert plus de temps. Après les sucres, celles-ci s'attaquent aux autres glucides (saccharose, amidon, cellulose, polysacharrides). Vient ensuite le tour des lipides, concentrés pour l'essentiel dans les cires et cuticules des feuilles et des aiguilles et, pour une faible part, dans les tissus de réserve. En revanche, les lignines, aux longues molécules qui donnent leur rigidité aux végétaux, sont peu exploitées par les micro-organismes comme source de carbone ; elles perdurent plus longtemps dans les sols.

L'essentiel de la dégradation des cadavres organiques de végétaux ou d'animaux de la litière est l'œuvre des bactéries appelées « saprophytes ». On peut les comparer à de petits mécaniciens démontant sans cesse les résidus de matière organique morte, comme on défait un « Meccano », sinon qu'ici, chaque pièce correspond à un carbone, un azote, un oxygène, un hydrogène, et à des tas d'autres petites pièces annexes, soufre, phosphore, silice, fer, manganèse, calcium, potassium, sodium, etc., pour les livrer à d'autres ouvriers spécialisés chacun dans son domaine. Le but final pour les micro-organismes étant de se nourrir et de se multiplier en récupérant l'énergie libérée et une partie des atomes détachés. Le reste des atomes ainsi remis en circulation reconstruit de nouvelles petites molécules assimilables par les racines des plantes.

Carbone (C) et azote (N), une fois libérés de la matière organique, s'engagent dans différents périples.

LES PÉRIPLES DU CARBONE ET DE L'AZOTE

Tout d'abord le carbone. Une partie est utilisée par les bactéries, 2 à 8 %, qui s'en nourrissent. La plus grande partie, 60 à 80 %, est recombinée à l'oxygène, en petites molécules, si petites, si légères qu'elles s'envolent ! Volatiles, elles constituent un gaz, le gaz carbonique ou CO^2. Nous savons tous aujourd'hui qu'une partie de ce gaz, qui diffuse à travers les pores du sol, est à effet de serre. Aussitôt émis, il se mêle à l'atmosphère dont il enrichit la concentration en CO^2. La plus grande partie de ce gaz reste dans le sol sous forme de gaz ou se dissout dans l'eau qui y circule, si bien que la teneur du sol en CO^2 est 100 à 300 fois supérieure à celle de l'air que nous respirons.

Mais imaginons un instant que cette fabuleuse histoire se déroule dans un sol qui a les pores bouchés par l'eau. L'oxygène ne peut que difficilement accéder aux atomes de carbone défaits. Ce n'est donc pas une oxydation qui se produit, mais une réduction, le gaz émis n'est plus du CO^2, mais bien du méthane CH^4, accompagné de quelques cousins germains, l'éthylène C^2H^4 et l'éthane C^2H^6. Un tel cas existe dans les sols de rizières ou de marais. C'est pourquoi les rizières contribuent pour 20 % des émissions anthropogéniques de méthane, dont l'effet de serre est trente fois supérieur au gaz carbonique.

Et l'azote, que devient-il ? Une fois démonté dans la litière par les bactéries saprophytes, il est livré sous forme d'ammonium (NH^{4+}) à des ouvrières aux noms compliqués – *Nitrobacter, Nitrosomonas, Nitrososprira, Nitrosococcus, Nitrosolobus*... – spécialisées dans le traitement de ces atomes[77][98]. Là aussi, ces bactéries nitrifiantes ont pour rôle d'oxyder l'azote libéré. Cette oxydation est appelée « nitrification » et fabrique des nitrates (NO^{3-}), forme très soluble de l'azote qui le rend assimilable par les plantes. Comme précédemment, si le sol cultivé est inondé et sa porosité pleine d'eau, des réactions de réduction apparaissent. Des bactéries anaérobies, vivant dans un milieu dépourvu d'oxygène, respirent celui des nitrates (NO^{3-}) qu'elles transforment en gaz, l'oxyde nitreux N_2O ou même en azote N qui diffusent vers l'atmosphère. Cette réaction est appelée la « dénitrification ». Elle montre combien l'utilisation d'engrais azoté dans les rizières inondées, lorsque la plante croît, doit être pensée et soupesée : ce gaz a un effet de serre 200 à 300 fois supérieur au gaz carbonique.

Les cycles du carbone et de l'azote qu'on vient de traiter séparément sont étroitement couplés[33] car ils constituent tout deux l'essentiel de la matière organique. La décomposition des résidus végétaux, et notamment de culture, va dépendre de leurs quantités respectives. La dégradation du premier est plus rapide et sert de nourriture au plus grand nombre d'organismes et de micro-organismes du sol. Ce qui permet à ceux-ci de construire de nouvelles molécules assimilables par les racines des plantes, de libérer l'azote et tous les autres éléments chimiques en petites quantités que contenaient les débris de végétaux. C'est en ce sens que carbone et azote sont au cœur de la fertilité des terres, mais aussi de la pollution de l'air (avec le CO^2 et N_2O) et de l'eau (avec le nitrate NO^{3-}).

AZOTE, PHOSPHORE, POTASSE ET COMPAGNIE

Responsables d'une grande partie de la biomasse produite à la surface des continents pour nourrir les hommes, ces deux éléments ont été l'objet de toutes les attentions. Si la fonction photosynthétique garantit les plantes vertes d'un approvisionnement constant en carbone, il n'en est pas de même pour l'azote. L'incapacité de la plupart des plantes et des animaux à dissocier la molécule d'azote N^2 de l'air et à la fixer est un des grands mystères de l'évolution[8] ; alors que cette capacité est largement répandue chez les bactéries qui vivent en symbiose avec les racines de nombreuses plantes, notamment les légumineuses[77]. Par exemple, le trèfle fixe 100 à 160 kilos d'azote à l'hectare et la luzerne de 130 à 600 kilos.

D'autres fournisseurs d'azote aux plantes sont les champignons filamenteux microscopiques ou mycéliums. Ceux-ci s'organisent en réseaux arborescents dans tous les sols et sous tous les climats. Les végétaux mêlent leurs racines avec eux dans une association appelée « mycorhize ». En reliant les plantes les unes aux autres par leurs racines, les mycéliums leur permettent de communiquer. Tapis à l'abri de la lumière dans l'argile du sol, les champignons mycéliens constituent des réseaux de près de 20 000 kilomètres dans chaque mètre cube de terre. Ils régulent l'azote, mais aussi de nombreux autres nutriments comme le phosphore et les oligoéléments. Un rôle protecteur aussi, en préservant les plantes des métaux toxiques et d'autres agents pathogènes qui leur seraient fatals.

Une très petite quantité d'azote de l'air peut se dissoudre dans l'eau de pluie et pénétrer le sol ; elle demeure toutefois faible (1 à 22 kilos par hectare et par an) et sert la végétation naturelle. Cet apport reste nettement insuffisant pour des plantes cultivées dont on attend un rendement convenable. La plupart des plantes naturelles des prairies et des forêts survivent ainsi, aidées par la légumineuse voisine, par les champignons filamenteux bienfaiteurs, par la mort d'autres plantes qui restituent leur azote en pourrissant, par l'azote béni du ciel et véhiculé très chichement par les eaux de pluie ! Ce qui fait que la concentration de cet élément varie grandement dans la biomasse végétale. Et pourtant, il reste indispensable et vital à la plante, car il entre dans la composition de ses acides aminés, il sert sa reproduction et sa régulation physiologique car il participe à la constitution des chromosomes.

Aussi, dès qu'une monoculture est entreprise à grande échelle, son alimentation suffisante en azote se pose. Il faut être clair : produire des céréales intensivement et extensivement, pour alimenter les hommes et les animaux, nécessite l'emploi de fertilisants azotés synthétiques. Les plantes annuelles cultivées ne peuvent pas se contenter du peu d'azote apporté par les précipitations. Le comportement de l'azote dans le sol, dans l'eau et dans la plante, tel qu'on vient de l'évoquer, nécessite que l'apport d'engrais azoté soit pensé, calculé et maîtrisé en fonction de la composition du sol, du climat annuel, du type de culture saisonnière qui a précédé, de l'irrigation envisagée... En deux mots, on ne doit pas fertiliser « au pif ». Le calcul doit être rigoureux et précis. Nos agriculteurs sont-ils préparés à une telle démarche ? Sûrement pas et, la plupart du temps, nos champs sont fertilisés en excès, avec les dégâts qu'on sait sur l'environnement par dégazage d'oxyde nitreux dans l'air et par excès de nitrate dans les aquifères.

L'épandage d'engrais azoté a plus que doublé la fixation d'azote par les écosystèmes de la planète. L'agriculture pourrait être responsable de 97 % des émissions d'ammoniac (azote gazeux) d'origine anthropique, dont la moitié relèverait de l'épandage d'engrais. Encore plus que pour d'autres fertilisants, comme le phosphore ou le potassium, un manque d'azote bouleverse la fécondité du sol, un excès d'azote est dramatique pour l'équilibre vital des organismes, le nôtre compris. La dose fait le poison !

Aussi paradoxal que cela puisse paraître, les champignons mycéliens qui régulent l'apport d'azote disparaissent des terres cultivées, lourdement fertilisées... en azote !

Parler des engrais, c'est aussi mentionner le phosphore et le potassium. On ne saurait amender la terre sans leur secours, au risque de réduire considérablement la biomasse et, par conséquent, la production des cultures. Le phosphore entre dans la constitution des cellules reproductrices. Le potassium joue un rôle régulateur de la pression osmotique des racines, cette différence de pression entre la racine par concentration très importante des sels minéraux (avec parfois une concentration 1 000 fois plus élevée) et leur entourage immédiat. Les transferts de molécules vont toujours du milieu le moins concentré vers le plus concentré. C'est le moteur qui permet à la racine d'absorber les nutriments de l'argile du sol. Un processus équivalent permet aux fruits de l'arbre de ne pas perdre leur eau et leurs sucres pendant les périodes de sécheresse.

Les plantes sont friandes de phosphore et de potassium, qu'elles absorbent par leurs racines. La disponibilité de ces deux éléments pour les plantes est contrôlée par les argiles sur le dos desquelles ils s'ancrent sous forme de simples atomes chargés électriquement ou sous forme de molécules où le phosphore et le potassium sont associés à des oxygènes et des hydrogènes. Lorsque les plantes prélèvent ces nutriments dans l'entourage de leurs racines, la pression osmotique « arrache » des feuillets d'argile de nouvelles quantités de ces atomes qui alimentent continûment le végétal. Une loi de l'offre et de la demande en quelque sorte. Phosphore et potassium diffusent depuis la source argileuse, jusqu'à la racine demandeuse, à travers l'eau qui baigne le sol. Cette diffusion s'opère sur de très courtes distances, de l'ordre du millimètre. Il est donc nécessaire de répandre les engrais phosphatés directement au droit des racines et non pas inconsidérément au risque sinon qu'une grande quantité n'en soit pas retenue par les plantes, mais se voie entraînée par le ruissellement jusqu'aux rivières. Dans ce cas, seuls les végétaux aquatiques – algues de toutes tailles – en profitent et prolifèrent jusqu'à envahir le plan d'eau. Il s'agit d'une pollution hélas courante des fleuves, appelée l'« eutrophisation » ou « mélasse verte ».

En Europe occidentale, depuis son introduction au XIXe siècle, la fertilisation phosphatée a été pratiquée de façon excédentaire par zèle et par ignorance des mécanismes biochimiques. Il en est résulté d'importantes pollutions des cours d'eau et des lacs, voire des rivages marins. Depuis les années 1970, en France, l'emploi des fertilisants phosphaté et potassique a en moyenne diminué à l'hectare grâce à la meilleure connaissance du cycle de ces deux éléments, mais aussi à cause du coût de l'engrais. Toucher au portefeuille est encore le moyen le plus sûr de s'assurer d'une fertilisation « raisonnée ».

Il subsiste, dans les zones d'élevage intensif, des terres agricoles engorgées de fertilisants tout à la fois par besoin de produire suffisamment de céréales pour nourrir les bêtes et par les déjections de celles-ci. Et cela reste une source de pollution importante.

LA RESPIRATION DE LA TERRE

La respiration est le propre de la vie. Arrêtons-nous de respirer, et c'est la mort assurée. La surface de la Terre, qui porte la vie, respire. Je me suis toujours demandé s'il serait possible, loin des bruits du quotidien, de très haut, qu'une ouïe fine discerne le souffle de la terre. Encore un rêve de chercheur bien sûr ! Et pourtant, l'écorce des continents respire au rythme des changements climatiques, de celui des saisons, des jours et des nuits. Nous aurions pu nous intéresser aux océans qui occupent plus de 70 % de la surface de notre planète et qui respirent plus lentement que les continents, mais j'ai décidé de me préoccuper de la mince pellicule de terre nourricière. Portons donc notre regard sur cet épiderme fertile, car c'est par la peau que la surface des continents respire.

Tous les êtres vivants ont besoin d'énergie pour vivre. Les plantes vertes utilisent pour croître l'énergie lumineuse du soleil, qu'elles convertissent en sucres. À partir de là, chaque gramme de vie sert un autre gramme de vie en captant une partie de son énergie. On ne crée pas l'énergie, on la transforme. Les cycles de vie s'emboîtent.

Ce qui est absorbé ou ingurgité ressort sous une autre forme. La respiration n'est qu'un transfert. Elle cadence la transformation d'énergie des créatures vivantes.

La respiration est une combustion lente du carbone et de l'hydrogène en présence d'oxygène. En ce sens, les créatures qui respirent sont des corps combustibles qui se consument doucement. La respiration permet, non seulement d'assurer l'équilibre des cycles de nombreux éléments chimiques, et en premier lieu du carbone et de ses dérivés, mais elle est pourvoyeuse d'énergie, dont la chaleur. Pour mieux le comprendre, prenons un exemple : le cycle du carbone et celui de l'oxygène.

À travers la photosynthèse, la végétation continentale inspire le gaz carbonique de l'air qu'elle met en banque en elle-même. On dit qu'elle séquestre 120 milliards de tonnes de carbone par an (ou 120 gigatonnes par an, Gt/an). Et par expiration, elle rend à l'atmosphère sous forme de gaz carbonique l'équivalent de 60 Gt/an soit la moitié de ce qu'elle a consommé : et, bien sûr, elle rejette aussi de l'oxygène. L'autre moitié, 60 Gt de carbone par an, est restituée à l'atmosphère par la respiration de tous les micro-organismes de la litière et de l'humus du sol. Bel équilibre ! Il en résulte que le contenu en carbone de l'atmosphère, des végétaux et des sols reste proportionnellement constant. Toute rupture d'équilibre de l'un de ces trois réservoirs de carbone se répercuterait aussitôt sur les deux autres. Le destin du carbone serait définitivement bouclé… si c'était sans compter avec l'action des hommes !

En pays tempérés, la respiration de la partie supérieure du sol (à environ 10 ou 15 centimètres de profondeur) rejette de 2 à 3 tonnes de carbone par hectare et par mois. Ce n'est qu'une moyenne, ce rejet de carbone varie beaucoup selon la température du sol et le degré d'humidité. Dans une même journée, les variations vont du simple au double. Le pic de respiration est bas lors d'un été sec et plus élevé lorsque l'été est humide. D'une manière générale, la respiration, ici l'émission de carbone dans l'air, est étroitement liée à la variation de température du sol qui peut s'étendre, à 10 centimètres de profondeur, de 3 °C en hiver à 18 °C en été, mais avec un net décalage du pic de respiration qui succède de un à deux mois à celui des températures. L'activité microbienne du sol est, dans ce cas, stimulée par l'augmentation de température. Mais l'activité microbienne dégrade les molécules organiques, libère de l'énergie dont une partie est transformée en chaleur. Et le dégagement de chaleur s'ajoute à la température de l'air en l'intensifiant. Ce phénomène peut être aisément observé par n'importe quel jardinier du dimanche dans le tas d'herbe accumulé depuis quelques jours en plein été : en y glissant la main, il ressent la douce chaleur de la décomposition commencée.

Dans les pays tropicaux, où l'humidité est fréquente et la température du sol moins sujette à d'importantes variations, la respiration est non seulement plus régulière, avec des variations nocturnes insignifiantes, mais elle est aussi plus intense, car l'activité bactérienne de décomposition de la matière organique est continue. Si bien que les horizons humifères n'ont que peu de résidus organiques et sont réduits à quelques centimètres d'épaisseur.

Le contenu en matière organique des sols des pays tempérés frais (estimée à 800 tonnes par hectare) est en revanche de 30 à 50 fois celui des sols des pays tropicaux : l'activité bactérienne réduite par les températures plus basses ne décompose que partiellement les débris organiques d'une saison à l'autre. Un humus épais se forme.

Bien plus, dans les sols gelés de façon permanente – les pergélisols ou permafrosts –, aucune dégradation ne se produit. Les micro-organismes sont en sommeil. Ils ne reprendront leur pleine activité qu'avec la débâcle. Aujourd'hui, le dégel affecte ce type de sols de la zone boréale, et sa vitesse a triplé au cours des quarante dernières années. Le permafrost recule d'environ 30 centimètres par an, faisant place à des sols engorgés libérant sous l'action des bactéries anaérobies de grosses quantités de méthane. Il faut attendre que l'eau de dégel s'évapore, en une dizaine d'années, pour que le dégazage du gaz carbonique prenne le relais de celui du méthane. Les terres dégelées, riches en réserves organiques, pourraient constituer, d'ici la fin du XXIe siècle, quelques arpents de sols arables supplémentaires pour le Canada, la Russie ou la bordure sud du Groenland.

Tout cela est plein d'enseignements pour le débat en cours sur le réchauffement climatique.

RÉCHAUFFEMENT GLOBAL : UN PEU PLUS QU'UNE HISTOIRE D'HOMMES

Relisons l'histoire récente de notre planète et de ses récentes oscillations climatiques de faible ampleur.

Sans nous plonger dans l'étude des mécanismes climatiques et pour faire court, on peut dire que toute période d'avancée des glaciers dans l'hémisphère Nord, par son volume d'eau stockée sous forme de glace, diminue la quantité d'humidité de l'air aux basses latitudes. Les précipitations y sont moins abondantes, ce qui se traduit par un net recul de la forêt équatoriale. Et *vice versa*. Autrement dit, tout réchauffement climatique global se traduit par des précipitations plus abondantes dans la zone intertropicale(4). Les paléoclimatologues des continents le savent bien. Et c'est ce qu'on a pu observer depuis la dernière grande glaciation à la fin du pléistocène et tout au long de la débâcle à l'holocène. Le résultat en est une pulsation cadencée de la grande forêt humide qui avance sur la savane, c'est-à-dire vers les hautes latitudes, lors des réchauffements et qui recule vers les basses latitudes, lors de refroidissements généralisés. L'Afrique en est un bel exemple.

La grande période chaude et humide qu'a connue l'Afrique entre – 7 000 et – 6 000 ans, et que nous avons rapidement mentionnée au début de cet ouvrage, s'est traduite par un envahissement des forêts tropicales jusqu'au Sahara. Avec le refroidissement général qui s'ensuivit, le retrait de la forêt s'est amorcé, puis généralisé, aux plaines, aux plateaux, aux montagnes de – 6 000 jusque vers – 3 000 ans, faisant place progressivement, puis entièrement, jusqu'au 7e degré de latitude nord (à hauteur d'Ibadan au Nigeria ou de Yamoussoukro en Côte d'Ivoire) à une savane représentant un climat nettement plus sec, avec néanmoins, entre – 5 200 et – 4 200 ans, un épisode de légère régénération de la forêt. Depuis – 3 000 ans, la forêt tropicale humide avance à nouveau sur la savane, malgré les multiples petites et courtes oscillations climatiques, non négligeables à l'échelle humaine certes, mais insignifiantes pour la végétation[(49)(96)]. Des observations similaires ont eu lieu en Asie, en Amérique, ce qui traduit, à quelques décalages près, la globalité de ces variations climatiques naturelles.

Quand on se situe dans ces grandes tendances paléoclimatiques responsables du mouvement des aires de végétation à l'échelle des continents, il est clair que le climat de la planète connaît, depuis deux à trois millénaires, une période de réchauffement naturel. Sur les marges forestières, les vitesses d'avancée de la forêt sur la savane ont été évaluées de quelques dizaines à cent mètres par siècle. À cette époque, la population totale du globe n'excédait pas 100 millions d'individus et les forêts n'étaient que très peu exploitées.

Depuis quelques siècles, les hommes, par leurs actions, ont accentué ce réchauffement naturel millénaire. Ce qui se traduit, entre autres, par une avancée plus rapide de la forêt tropicale sur la savane comme l'attestent les études satellitaires. Rappelons ce que fut le déroulement historique de cette intervention anthropique, mais cette fois en montrant son impact sur la variation du contenu en CO^2 de l'atmosphère.

L'EXACERBATION DU RÉCHAUFFEMENT CLIMATIQUE

Les choses se sont gâtées avec la multiplication des hommes, notamment avec le développement des pratiques agricoles et l'utilisation extensive des bois de chauffe.

La concentration en gaz carbonique de l'atmosphère des deux derniers millénaires a pu être reconstruite à partir de sondages dans les glaces antarctiques[(86)].

Le beau Moyen Âge, du XIIe siècle à la fin du XIIIe siècle, comme nous avons pu le voir précédemment, a connu une révolution agricole conséquente dans toute l'Europe avec, pour la première fois, une déforestation intense et des cultures qui quittaient le fond des vallées pour conquérir coteaux et collines. Tous ces bois anéantis ont eu pour conséquence une diminution de la fonction chlorophyllienne et une augmentation de la teneur en CO^2 de l'air. Mais ce sont vraisemblablement les extensions de terres labourées qui, en remplaçant les forêts, sont la cause principale de l'augmentation significative de 6 à 8 parties par million (ppm, c'est-à-dire 0,0006 à 0,0008 % du volume d'air) de la teneur en gaz carbonique de l'air en cette période du Moyen Âge. Car le labour aère la terre et permet une combustion rapide de la matière organique par l'oxygène. Les labours généralisés ont permis pour la toute première fois au carbone contenu dans le sol, et sur d'immenses superficies, de partir en fumée, c'est-à-dire sous forme de CO^2.

L'effondrement de population qui est survenu au début du XIVe siècle, entraînant un abandon des terres, la mise en friche et le recrû de la forêt, a permis une reconstitution des stocks organiques des sols et donc une diminution de 3 à 4 ppm du CO^2 atmosphérique.

Si les conditions climatiques favorables permirent dans les premières décennies de XVIe siècle une reprise des activités agricoles, marquées par une nouvelle augmentation du CO^2 atmosphérique de 4 à 5 ppm, ce fut de courte durée, avant que les conditions climatiques ne se dégradent à nouveau. Déprises agricoles, famines, épidémies, dépeuplement des campagnes, chute de la démographie se poursuivent en dégringolade et, avec elles, la diminution drastique de la superficie des terres travaillées, entraînant de nouveau la baisse de teneur en CO^2 atmosphérique, de plus de 10 ppm en presque deux siècles. Il faut attendre le début du XVIIIe siècle et l'apparition de nouvelles techniques agricoles pour que la plupart des pays européens retrouvent le plein de population qu'ils avaient connu au tout début du XIVe siècle conduisant à une extension sans précédent de l'agriculture et une augmentation importante de sa production. C'est le début de la mécanisation des labours et des récoltes, mais aussi de l'accroissement considérable des troupeaux. Le progrès technique ne fera que s'amplifier, permettant la mise en valeur des terres arables d'Europe, mais aussi des immenses espaces coloniaux d'Amérique du Nord et du Sud, d'Australie, d'Afrique du Sud. Jamais la surface des continents n'avait été aussi ridée de labours.

Et, bien sûr, cet usage intensif des terres ne s'arrêtera plus. Il ira en s'amplifiant jusqu'à nos jours, au fur et à mesure des progrès scientifiques et techniques et de l'accroissement démographique. Depuis la deuxième décennie du XVIIIe siècle, le taux de gaz carbonique de l'atmosphère ne s'arrêtera plus de grimper, relayé, exacerbé par la consommation du charbon dans la première moitié du XIXe siècle, puis du pétrole et du gaz naturel.

La déforestation, pour libérer des terres à cultiver, a été très poussée, surtout en France. Il fallait nourrir au XVIIIe siècle une population qui, après les malheurs des quatre siècles précédents, s'accroissait de nouveau. En un siècle, la déforestation fut considérable. Et en 1820 la forêt ne couvrait que 7 millions d'hectares. Il faut attendre l'exploitation des combustibles fossiles pour que la forêt se régénère. Aujourd'hui, la forêt française se porte bien, et avec ses 15,5 millions d'hectares, se situe après la Suède et la Finlande dans le peloton de tête européen.

Depuis le début de la généralisation des combustibles fossiles comme source principale d'énergie domestique et industrielle, les forêts européennes et nord-américaines se sont donc reconstituées. Ce n'est pas pour autant que la tendance à l'augmentation régulière du CO^2, mais aussi du méthane CH_4 et de l'oxyde nitreux N_2O, aura fléchi. D'une part, parce que l'exploitation des forêts tropicales a pris le relais, mais aussi et surtout parce que l'usage des terres à des fins agricoles ne s'est pas ralenti. C'est la cause d'au moins 30 à 50 % des émissions des gaz à effet de serre.

CHAQUE SILLON RÉCHAUFFE LA PLANÈTE

Entre 1850 et 2000, la contribution cumulée de l'agriculture en CO^2 atmosphérique est estimée à 264 milliards de tonnes (Gt) de carbone, alors que les émissions dues à l'utilisation des combustibles fossiles et à la fabrication de ciment seraient de 200 Gt[(98)]. D'autres auteurs[(58)] inversent l'importance relative des contributions : de 81 à 191 Gt de carbone pour l'agriculture et de 240 à 300 Gt pour les sources industrielles.

Peu importe les différences d'estimations, c'est la tendance qu'on doit considérer, surtout qu'il faudrait remonter au moins jusqu'à 1720 pour calculer la contribution cumulée de l'agriculture aux émissions de gaz à effet de serre. Ces différences d'estimations laissent également entrevoir les difficultés des hommes de science à cerner la réalité si complexe du destin de la matière organique du sol. Les mécanismes biologiques et chimiques impliqués dans la séquestration du carbone ont de nombreuses implications secondaires qu'on cerne mal. La compréhension du stockage du carbone organique du sol repose très largement sur des expériences de laboratoire. Ce qui fait que les relations entre les processus de dégradation et la composition des communautés microbiennes du sol ne sont pas bien prises en compte[(18)].

Les émissions de gaz carbonique dues à l'usage du sol doivent rassembler celles provenant de la déforestation, qu'elle résulte de l'extension des champs, de l'exploitation du bois d'œuvre, ou des incendies de forêt ; mais aussi celles dues à l'augmentation du bétail, à la conversion des terres, à la mise en labour, aux différents types de cultures... et, bien sûr, aux organismes vivants qui œuvrent dans l'obscurité du sol, notamment aux bactéries[(97)]. C'est la raison pour laquelle les modélisations numériques ou thermodynamiques du bilan carbone sont encore insuffisantes. La part du sol y reste une inconnue de taille.

L'AUGMENTATION INÉLUCTABLE DU GAZ CARBONIQUE

Si demain l'utilisation de toutes les énergies fossiles prenait fin, la teneur en gaz carbonique de l'atmosphère continuerait d'augmenter ! Tout simplement parce que les parcelles cultivées ne cesseraient pas de s'accroître aux dépens des forêts, et l'érosion s'intensifierait avec chaque hectare de terre retournée. Irait-on alors jusqu'à limiter la production alimentaire et laisser les bois regagner sur les champs ? Sûrement pas ! L'humanité est toujours en extension, au moins pour les quatre décennies à venir. Chaque naissance supplémentaire conduit à rajouter entre un cinquième et un tiers d'hectare de terre cultivée selon la qualité du sol. Abordons le coût en CO^2 de l'agriculture.

En 2010, l'augmentation régulière du CO^2 de l'air est de l'ordre de 1,5 ppm par an pour une concentration totale de 380 ppm (c'est-à-dire 0,038 % de CO^2 par volume d'air). L'ensemble de l'atmosphère qui entoure la planète, contient environ 800 Gt de CO^2, autrement dit, pour chaque molécule de CO^2 dans l'air, on compte 2 500 molécules d'autres gaz, essentiellement de l'azote et de l'oxygène que nous respirons[(7)].

En comparaison, malgré la perte de matière organique due à l'exploitation de la terre pendant trois siècles, le sol contient un stock de carbone impressionnant qui est 3,3 fois celui de l'atmosphère. Il constitue un réservoir de carbone estimé à 2 500 Gt incluant 1 500 Gt de carbone organique (inclus dans la matière vivante et morte) et 950 Gt de carbone inorganique (essentiellement sous forme de gaz et de minéraux).

Le gaz carbonique atmosphérique (CO^2) augmente régulièrement. C'est un fait. Charles David Keeling, un professeur de la Scripps Institution of Oceanography, a mesuré depuis 1958, mois par mois, année après année, la teneur en CO^2 au sommet du Mauna Loa (archipel d'Hawaii), dans l'hémisphère

Nord, à plus de 4 000 mètres d'altitude, loin de tout grand centre urbain polluant. Après sa mort en 2005, les mesures se sont poursuivies. En cinquante ans (entre 1958 et 2008), la courbe obtenue est sans appel. Elle traduit une tendance à l'augmentation régulière du CO^2 de 70 ppm, soit une augmentation moyenne annuelle de 1,4 ppm. Ce qui est intéressant dans cette courbe, c'est qu'elle se présente en dents de scie régulières. Le haut de chaque indentation correspond à une mesure de printemps et le bas à une mesure d'automne. À l'évidence, cette chute brutale et saisonnière de la teneur en CO^2 correspond pour l'été, à la croissance des végétaux et à la capture par photosynthèse du carbone de l'air. Ce renversement estival de l'ordre de 6 ppm est significatif, mais n'entrave en rien la tendance générale à l'augmentation du gaz carbonique atmosphérique. Car, dès l'automne suivant, avec la mise en sommeil de la végétation, la hausse du CO^2 repart de plus belle, effaçant l'éphémère baisse, pour atteindre au printemps suivant une nouvelle pointe, légèrement supérieure à la précédente. Peu à peu, chaque année, le taux de CO^2 de l'air augmente de près de 1,5 ppm.

De nombreux autres observatoires ont été installés dans d'autres lieux, depuis le 90° de latitude sud, c'est-à-dire l'Antarctique, jusqu'au 71° de latitude nord, en Alaska. Partout, la même courbe de hausse régulière du CO^2 a été observée, ce qui montre le caractère mondial de ce phénomène. Des scientifiques ont attiré l'attention sur la modification des indentations selon la latitude d'enregistrement et notent que les variations entre maximum de printemps et minimum d'automne sont nettement mieux marquées dans l'hémisphère Nord, là où les masses continentales et les forêts décidues aux grands arbres à feuilles caduques sont plus importantes. Dans ce dernier cas, ce n'est pas moins, l'été, une chute de 15 ppm de CO^2 qui apparaît. Mais l'hiver, là aussi, à cause d'une consommation de combustibles fossiles pour chauffer les populations et des labours, les émissions rattrapent et dépassent de peu le maximum précédent. Ce qui fait, hélas, que chaque année il y a un peu plus de gaz carbonique rejeté dans l'atmosphère qu'assimilé par les plantes.

En revanche, dans les régions tropicales, les indentations de la courbe sont peu marquées. Est-ce à dire que la photosynthèse est moins active dans les forêts humides ? Non, mais un autre processus se surajoute et vient minimiser le rôle de la photosynthèse : l'activité bactérienne du sol qui, bien au chaud et à l'humidité, s'en donne à cœur joie, et libère d'énormes quantités de gaz carbonique.

L'Institut international pour l'analyse de systèmes appliqués (IIASA) estime qu'une réduction de 50 % de la déforestation sur vingt-cinq ans éviterait l'émission dans l'air de près de 3 milliards de tonnes de CO^2. Leurs modèles montrent qu'une capture du gaz carbonique par la plantation d'arbres coûterait infiniment moins cher, pour la même quantité, qu'un stockage dans des réservoirs géologiques appropriés. Compte tenu, bien sûr, de la hausse du prix des denrées alimentaires qui résulterait du retour de surfaces cultivées à la forêt.

CORRÉLATIONS ENTRE CO^2 ET TEMPÉRATURE

Tout au long de la vie géologique de la planète, bien avant l'apparition de l'homme, partout et toujours une corrélation se fait jour entre l'accroissement de la température et celui du CO^2. Plus difficile est de savoir lequel entraîne l'autre ; car les deux possibilités existent : une réduction drastique des gaz à effet de serre peut conduire à une chute de la température moyenne de la surface du globe, tout comme un réchauffement d'origine astronomique peut entraîner un accroissement de la concentration de gaz carbonique de l'atmosphère terrestre. Tant qu'on traite du passé de la Terre, peu de débats existent. Là où la polémique s'active, c'est lorsqu'on traite des deux ou trois derniers siècles.

De nos jours, l'unanimité des chercheurs, quels qu'ils soient, s'accorde sur cette augmentation récente et continue du CO^2 atmosphérique. De même, on ne saurait nier la tendance au réchauffement de l'air qui, en un siècle, a gagné en moyenne globale environ 0,75 °C, ni la corrélation entre les deux facteurs.

La controverse émerge lorsqu'on place le gaz carbonique issu de l'utilisation des combustibles fossiles en tête des causes du réchauffement, qu'on lisse ou qu'on moyenne les courbes de corrélation et qu'on projette les augmentations à venir. C'est ce que certains reprochent au GIEC (Groupe international d'étude du climat) qui présente des rapports de consensus, des rapports qui moyennent les estimations des scientifiques. Le terme de moyenne fâche. Car en science il n'est pas coutume de travailler par « consensus ».

Prenons l'augmentation de température. Les géologues froncent les sourcils car ils savent bien ce que sont les échelles d'observation. La croûte continentale observée au microscope ne donne pas lieu à la même interprétation que vue de satellite. Depuis 18 000 ans, nous sortons d'une longue période glaciaire. La Terre se réchauffe, avec de multiples hésitations. Car le réchauffement n'est pas linéaire, mais connaît de nombreuses oscillations, d'amplitude différente vers le froid ou plus rarement vers le chaud. Les causes avancées pour expliquer ces fluctuations climatiques au sein de cette période de débâcle sont nombreuses, certainement reliées les unes aux autres, mais aucune ne convainc à elle seule. Nous avons souligné que, depuis trois millénaires environ, la Terre est engagée dans une de ces oscillations de réchauffement.

Si l'empreinte récente de l'action anthropique au cours des deux derniers siècles est indéniable, elle va au-delà du simple CO^2 issu de la combustion des ressources fossiles, d'autres activités s'imposent.

On a vu que l'histoire de l'agriculture européenne est intimement solidaire des oscillations climatiques. Tout réchauffement décennal ou sur plusieurs dizaines d'années s'est traduit par une extension des terres cultivées et, elle-même, par une augmentation de la teneur en gaz carbonique de l'atmosphère qu'on a attribuée à la déforestation. Plus récemment, avec l'emploi de la mécanisation et des engrais, le rôle de l'agriculture s'est intensifié. L'utilisation agricole des terres y contribue pour autant sinon plus, avec ses rejets d'oxyde nitreux, de méthane et de gaz carbonique, on l'a vu, mais surtout par les changements qu'elle induit sur le cycle de l'eau. Prenons l'eau à titre d'exemple. Un tiers des pluies qui tombent sur une forêt tropicale correspond à l'eau évapotranspirée par ses arbres. En déboisant, on modifie le régime des pluies au-dessus d'elle. Et, plus encore, le sol mis à nu par la déforestation est soumis à une plus grande évaporation. Il perd une partie non négligeable de son humidité : c'est autant de moins pour les argiles et la diversité biologique de l'ombre.

En deux mots, la planète est en cours de réchauffement naturel, marqué depuis trois millénaires, exacerbé par l'action de l'homme au cours des derniers siècles.

Le réchauffement ne connaît aucune frontière. Où qu'il ait lieu, il tend à se répandre sur l'ensemble de la planète, véhiculé lentement par les courants océaniques, et beaucoup plus rapidement par le mouvement des masses d'air. À part la hausse de température mesurée, les effets du réchauffement ne se font sentir que depuis les trente à quarante dernières années. Des événements s'accélèrent sur les continents et dans les mers, avec l'amorce de lents déplacements des populations animales et végétales, l'acidification des océans, la modification du régime des pluies sur la partie sud de l'Amérique latine, un recul régulier des sols gelés du nord du Canada et de la Sibérie, l'avancée d'une à deux semaines de la floraison des arbres fruitiers et de la vigne en France, etc. L'agriculture de presque toutes les contrées va être bouleversée. La raison en est simple. L'augmentation de la température de l'air mesurée de 0,75 °C, et à venir de 1 ou 2 °C, est une moyenne globale. La terre se réchauffe plus vite que l'eau. Avec un réchauffement persistant, il est clair que les continents seront plus chauds que les océans. Et l'agriculture en subira les effets.

LE PLUS GROS MOTEUR DU MONDE

Pour résumer, nous pouvons dire que l'épiderme des terres émergées respire par plusieurs systèmes. Entre le jour et la nuit, lorsque les organes verts des plantes absorbent le CO^2 en pleine lumière et rejettent de l'oxygène dans l'obscurité, c'est la photosynthèse. Entre les saisons, lorsque la reprise de végétation au printemps et en été inhale le gaz carbonique atmosphérique et qu'elle retient sa respiration durant l'automne et l'hiver, permettant à l'air de retrouver sa teneur en CO^2 et même de la dépasser, suite à l'action anthropique. Dans les zones intertropicales, cette respiration se poursuit sans cesse, elle s'associe à une activité microbienne intense dans le sol, qui contribue grandement à la reconstitution du CO^2 atmosphérique global.

Si la respiration de la végétation est bien connue, il n'en est pas de même de celle du système bactérien du sol. Et pourtant son rôle peut être déterminant sur le contrôle du flux de CO^2 entre la surface des terres émergées et l'atmosphère. Comment mieux percevoir ce rôle si important des bactéries du sol ? Pour ce faire, arrêtons-nous sur les concentrations de gaz carbonique de l'air que nous ont données les carottages dans les calottes glaciaires. Toute période de refroidissement, de glaciation, se traduit par une chute de 30 % de la concentration en gaz carbonique atmosphérique[(35)]. C'est général et récurrent. Et pourtant, par la rigueur du climat, on assiste à une déprise considérable des forêts des paysages. La diminution des surfaces boisées sur les continents induit un fort ralentissement de la fonction chlorophyllienne à l'échelle globale. Autrement dit, une grande partie du carbone de l'air n'étant plus fixée par les arbres manquants, la teneur en gaz carbonique de l'atmosphère devrait croître fortement. Et pourtant c'est l'inverse qui s'observe. Tout simplement parce que la respiration bactérienne des sols, source d'émission de CO^2, ralentit avec la baisse des températures, et même cesse, dans les terres des basses latitudes gelées, la plus grande partie de l'année. Non seulement l'arrêt, ou le fort ralentissement, de l'activité bactérienne compense largement ce que la photosynthèse n'absorbe plus, mais en plus, il conduit à une déprise d'un tiers de la teneur en CO^2 de l'air.

Cet exemple explique pourquoi le gaz carbonique diminue considérablement pendant une période froide. Dans les pays froids ou en phase de glaciation, le carbone reste en réserve, enfoui dans la terre : l'activité des bactéries est arrêtée. À l'inverse, lors d'un réchauffement, et c'est ce que le monde vit en ce moment, l'activité des bactéries est à son paroxysme.

En régions chaudes ou en période de réchauffement, la végétation gorgée de carbone pris à l'air alimente le sol en débris de toutes sortes. Ceux-ci sont livrés à l'avidité des micro-organismes qui rendent à l'atmosphère la plus grande partie de son carbone[(21)].

À l'évidence, le mince épiderme de terres émergées, que constituent les sols et la végétation qu'ils portent, contrôle et régule, par sa respiration, la concentration en gaz carbonique de l'atmosphère.

Par le développement agricole des terres, les hommes viennent rompre cette entente cordiale entre sol et végétation, la terre exhale plus de gaz à effet de serre qu'elle ne devrait, exacerbant le réchauffement de la planète.

Le sol, en corrélation avec sa végétation, capte et émet du gaz carbonique, de l'oxyde nitreux, de la vapeur d'eau, du méthane, c'est le plus gros moteur du monde. C'est lui qu'il faut réguler en premier lieu !

LE TINTAMARRE CLIMATIQUE

Dans la cacophonie des polémiques sur le réchauffement climatique suscitées par l'échec du sommet de Copenhague en 2010, chaque camp a clamé sa bonne foi dans les médias pour s'assurer la bienveillance des hommes politiques ou des journalistes de l'audiovisuel les plus en vue.

Le public profane se trouve dans l'œil du cyclone et ne sait plus qui croire. À ce télescopage d'arguments viennent s'ajouter, dans les deux parties, les astuces malhonnêtes de quelques chercheurs de renom qui, pour montrer qu'ils détiennent la juste raison, n'hésitent pas à tordre le bras à la vérité des faits et des mesures, ou à les mettre sous le boisseau, arguant de leur confidentialité. Et le tintamarre reprend de plus belle, allant jusqu'à des autodafés proposés au jugement de nos dirigeants pour en finir avec les chercheurs hérétiques. Jamais le monde scientifique n'aura donné une image aussi affligeante de lui-même. Certes les joutes d'arguments et de théories sont à la base du jeu scientifique. Mais elles se passent d'ordinaire dans les revues spécialisées, sous le regard des pairs, elles restent contenues à l'abri des profanes. Elles ne souffrent pas de cet engouement nouveau que les scientifiques ont pour le politique et les médias. Ce sont des liaisons très dangereuses.

LES TROIS FLÉAUX : LA DÉFORESTATION, L'ÉROSION, L'URBANISATION

La déforestation, l'érosion, l'urbanisation sont les trois principales raisons de la dégradation des terres arables.

La fixation des nutriments du sol par les végétaux au cours de leur croissance est volumétriquement si importante que le couvert végétal des continents apparaît comme un réservoir naturel d'éléments chimiques. Ce réservoir relâche régulièrement, à ses pieds, un flux d'éléments indispensables pour le maintien de la structure du sol et l'entretien de sa biodiversité. Carbone, azote, potassium, calcium, magnésium, phosphore, soufre, silicium, sodium et toute une gamme d'autres éléments chimiques, chlore, fer, manganèse, zinc, bore, cuivre, molybdène... lui sont restitués avec la mort de toutes les créatures vivantes attachées à la végétation.

Or ce retour de nutriments peut être interrompu ou réduit au minimum lors d'une déforestation anthropique. Le cycle de fertilité du sol en est alors fortement modifié par manque d'éléments chimiques. Et quand bien même des cultures sont mises en place, c'est un cycle de nutriments nouveau qui s'élabore, différent de celui du sol originel sous forêt(69). Par exemple, pour l'élément le plus abondant d'entre eux, le carbone, une terre défrichée et utilisée pour cultiver le maïs retrouve son équilibre en carbone au bout de six ans, mais avec une teneur six fois moindre que sous forêt. Il en est de même pour tous les autres nutriments chimiques, d'autant plus que les récoltes et le ramassage des chaumes ne permettent pas de retours réguliers au sol des nutriments ponctionnés par les cultures. Le sol s'appauvrit à pas intimes, au fil des moissons, et sa biodiversité, par manque de nourriture, périclite. Et si aucun engrais n'est ajouté, la terre, vidée de ses nutriments, ne produirait plus rien au bout de quelques années.

Car tous ces nutriments servent en premier lieu à alimenter une faune, dont le ver de terre, facilement observable, est le symbole, mais surtout, une multitude de micro-organismes. Les coupes à blanc des forêts, pour en faire des champs occupés par des monocultures ou des prairies, la font réagir, et notamment celle qui vivait en symbiose avec les plantes. À tout coup, la biodiversité privée d'aliments décline et la perpétuation des cycles nutritifs n'est plus garantie. En déboisant, l'homme remplace l'habitat d'origine par un autre. Ainsi, un champ de blé reste une prairie, mais avec une diversité de plantes très réduite puisqu'il s'agit d'une monoculture, une faune d'oiseaux amoindrie d'un facteur 9 ou 10, une petite proportion d'insectes restant dont certaines espèces pourraient disparaître à tout jamais. Le champ cultivé se substituant à la forêt, des niches de nourriture disparaissent et l'utilisation massive et régulière de fertilisants et de pesticides fait le reste : leur effet sur des micro-organismes du sol, affamés, est déterminant sur leur disparition totale par modification des conditions physiques et chimiques du milieu. Car imaginons une salle de restaurant de bonne réputation, pleine de monde, et décidons de modifier profondément la nourriture qu'on y sert en la réduisant à une petite salade, mais aussi en diminuant la teneur en oxygène de la salle de 10 % et en augmentant la température ambiante de 10 °C. Croyez-vous qu'il restera aussi fréquenté ? Le restaurant perdrait sa clientèle dans l'heure qui suivrait ! Il en va de même dans le milieu naturel.

Les arbres et arbustes d'une forêt absorbent une partie du rayonnement solaire et, en évaporant de la vapeur d'eau, rafraîchissent les sous-bois. Lorsque, l'été, nous sortons d'un bain de mer, il arrive souvent que nous ayons la chair de poule. C'est tout simplement que l'eau que nous avons sur le corps s'évapore sous le soleil et, pour passer de l'état liquide à l'état de vapeur, il est besoin de fournir de l'énergie. Celle-ci est prise sous forme de chaleur à notre peau dont la température extérieure diminue légèrement, donnant cette impression subite de fraîcheur. Les arbres coupés, la terre se retrouve dénudée et reçoit directement les rayons brûlants du soleil d'été sans effet tampon de la végétation. Il en résulte immédiatement deux choses : la température du sol à 15 centimètres de profondeur grimpe de 10 °C et l'activité respiratoire des micro-organismes, qui s'accroît avec l'augmentation de température comme on l'a vu précédemment, « brûle » davantage de matière organique qui s'échappe sous forme de gaz carbonique dans l'atmosphère.

Mais, la forêt disparue, ce sont de grands espaces de campagne dénudée qui s'offrent aux rafales de vent et aux cordes de pluie. Dans nos villes, nous ne percevons que l'odeur de terre mouillée. Elle résulte d'innombrables minuscules particules d'argile envolées sous l'impact des gouttes de pluie sur le sol nu. Ainsi commence l'érosion des sols, par cette multitude d'éclats de terre, immédiatement suivis de l'écoulement de l'eau qui cisèle la surface des champs de puissantes ravines. Le toit protecteur de la végétation n'est plus là pour modérer l'agressivité des gouttes de pluie, ni les racines des arbres pour aider l'eau à pénétrer le soubassement de litière et d'argile. Le ruissellement n'ayant plus d'entraves, il forcit de 15 à 20 fois ce qu'il était sous forêt native et, gorgé d'argile boueuse, il rejoint rapidement les rivières dont le débit gonfle 50 à 100 fois plus qu'avant le défrichement. Cette boue d'argile est régulièrement arrachée aux parties sommitales des sols où abondent les nutriments. Elle vient combler progressivement le lit des rivières et des fleuves. L'eau coule toujours, mais les tranches d'eau se réduisent avec le temps, si bien qu'au premier orage sévère et durable, les fleuves, obèses de sédiments, débordent de toutes parts. C'est l'inondation de plus en plus fréquente, qu'une poignée d'experts plus ou moins qualifiés s'empressent d'attribuer au réchauffement climatique global. Elle ne résulte que de l'érosion des sols !

Aucune terre déboisée ou labourée n'échappe à une érosion plus ou moins sévère. Mais l'effet le plus dévastateur de l'érosion des sols, parce qu'il est irréversible, reste l'amenuisement et parfois la disparition des parties les plus fertiles. Ce sont des masses considérables de terre qui sont dilapidées. Selon l'intensité des pluies, la déclivité du champ et les techniques de labour, les sols perdent chaque année par érosion entre 0,5 et 250 tonnes par hectare, dont l'essentiel est une argile non renouvelable, chargée de nutriments et contenant des centaines de kilogrammes de carbone organique, des dizaines de kilogrammes d'azote, de calcium, de potassium, de magnésium, des kilogrammes de phosphore, d'oligoéléments. Dans les champs cultivés, amendés en fertilisants et en pesticides, on retrouve, en plus, dans les eaux de ruissellement et donc dans les rivières, entre 10 et 25 % des engrais solubilisés et entre 30 et 40 % des pesticides et leurs dérivés, qui chamboulent la faune et la flore aquatiques.

À la vision des champs labourés de nos campagnes où lèvent, en rangs soignés, les tendres pousses vertes, qui penserait au sol maltraité qui se vide à chaque saison de son argile ? Et pourtant, chaque sillon tracé le long de la pente est une ravine créée des mains de l'homme, par où s'écoulera l'argile hors de la parcelle. Et si par malheur vous suggérez, timidement, qu'il serait préférable de retourner la terre le long des courbes de niveau, on vous fait remarquer que le labour est une affaire de cultivateurs et qu'ils procèdent ainsi depuis plusieurs générations, ou bien qu'une telle technique ferait verser les tracteurs, ou bien qu'elle serait plus dépensière en fuel, etc. N'allez surtout pas citer en exemple[50], la région de Palouse dans l'État de Washington, ou la région de Ribeirao Preto dans l'État de São Paulo, où les sillons suivent les courbes de niveau de collines imposantes, parce qu'on vous rétorque aussitôt : « Là-bas, c'est différent ! »

Dans certains pays, l'érosion des terres arables est si aiguë qu'on observe une chute de la productivité agricole telle que leur population se retrouve au bord de l'asphyxie alimentaire. Ainsi d'Haïti, récemment frappé par un séisme dévastateur. L'aide internationale parviendra à reconstruire les immeubles, les infrastructures, les hôpitaux et les écoles, pour redémarrer l'administration. Mais les forêts ont été dévastées par l'action de l'homme, bien avant le dernier tremblement de terre, et il n'en subsiste plus que sur 3 % du territoire ; quant aux sols fertiles, plus d'un tiers a disparu par érosion. Haïti ne pourra plus subvenir aux besoins alimentaires de sa population en constante augmentation. Ou bien la communauté internationale en prend conscience et décide d'un plan d'aide alimentaire pour les prochaines décennies, ou bien des mouvements migratoires importants de population s'opéreront vers l'Amérique du Nord.

Globalement, plus de 20 % des terres arables sont aujourd'hui dégradées par érosion(76), et chaque année 0,5 % de la couverture cultivable disparaît, perdue à tout jamais(81). Le carbone du sol déplacé par érosion est estimé entre 1 et 2 milliards de tonnes (gigatonnes, G/t) par an, soit de une à deux fois l'équivalent carbone de la production industrielle des États-Unis. L'homme est devenu le principal agent d'érosion, il a en effet multiplié par 2,4 la quantité de terre déplacée par l'érosion naturelle. Celle-ci, estimée à 11 milliards de tonnes transportées naturellement à l'océan tous les ans, est passée à 26 milliards de tonnes.

Le dernier fléau pour le sol, c'est sa destruction pure et simple à des fins d'urbanisation : immeubles, maisons, routes, chemins de fer, ouvrages d'art, aéroports, espaces de loisirs, barrages et leur retenue d'eau, usines, etc. Les centaines d'hectares de terres arables qui sont consommés par le développement des villes sont perdus à jamais : aux États-Unis, 100 mètres carrés de sols cultivables disparaissent par seconde, bien plus en Chine ou au Brésil où ce chiffre peut atteindre 500 mètres carrés par seconde. La Chine se heurte là à un vrai problème. Elle est confrontée à la fois à l'enrichissement d'une partie de ses habitants qui s'alimentent plus et mieux, tirant les prix vers le haut, et à la paupérisation de l'autre partie, plus nombreuse, pour qui l'inflation des produits alimentaires devient insupportable (plusieurs dizaines de pour-cent par an). La Chine, pour contenir cette hausse des prix des denrées alimentaires, souhaiterait produire plus, mais c'est impossible compte tenu de l'emprise urbaine sur les terres arables(38).

En Europe, comme dans la plupart des pays industrialisés, l'étalement urbain progresse plus vite que ne s'accroît la population. En France par exemple, il est de 140 hectares par jour, ce qui, au bout de dix ans, correspond à la perte d'une couverture de sols équivalente au département des Bouches-du-Rhône. Aucun pays n'est épargné, mais les raisons de l'urbanisation diffèrent. Dans les pays en voie de développement, la démographie et la pauvreté restent les causes majeures de l'accroissement des cités. Dans les pays industrialisés, la hausse considérable du prix du foncier au cœur des villes pousse les cadres, les employés, les ouvriers, à s'éloigner du centre aux loyers trop onéreux[(54)]. En même temps, l'augmentation du nombre des divorces et de celui des retraités dans les pays riches a pour conséquence la multiplication des résidences. Et les banlieues ne cessent de s'étaler en consommant la terre ! Les villes deviennent obèses !

Depuis 2008, plus de la moitié des hommes et des femmes qui peuplent la planète vivent désormais dans des villes. Ils n'en représentaient que 14 % en 1900. Dans les quatre prochaines décennies, la population citadine mondiale devrait doubler, et cette expansion sera le fait des pays en développement, responsables de 95 % de cette croissance urbaine. Chaque mois, les villes d'Asie, d'Inde, d'Amérique centrale et du Sud, d'Afrique absorbent 5 millions de nouveaux habitants, 50 fois plus que les villes des pays industrialisés[(65)].

L'histoire des pays occidentaux aura vu en l'espace de quatre siècles sa population de paysans, largement majoritaire, passer à quelques pour-cent. Il ne faudra que quatre décennies pour que le reste du monde fasse de même. En deux mots et en toute logique, 500 millions d'agriculteurs tout au plus devront nourrir près de 9 milliards de personnes dont les trois quarts vivront dans des villes. La surnutrition touche surtout les citadins bien plus que les ruraux parce qu'ils se dépensent moins et qu'ils sont plus sollicités par un environnement qui les pousse à consommer. Si bien qu'actuellement, dans les pays industrialisés, plus de la moitié de la population est en surpoids (70 % aux États-Unis dont 40 % sont obèses). Les études récentes montrent, tout aussi bien au Brésil qu'en Chine ou dans les pays occidentaux, que les enfants des villes sont obèses. Considérée à présent comme une pathologie, l'obésité est bien une maladie de l'urbanisation. Elle s'acharne sur les mêmes catégories de population : les plus pauvres.

Ces trois fléaux ont pour effet de diminuer inexorablement la surface arable par habitant. Au début du XXIe siècle, chaque habitant de la planète disposait en moyenne de 800 mètres carrés de terre arable. En 2050 les projections montrent, au train des besoins mondiaux en alimentation, que chaque Terrien disposera d'une surface moyenne de terre arable de l'ordre de 200 mètres carrés[(79)]. Un lopin de terre bien trop insuffisant pour nourrir un homme dignement.

Il n'y a guère d'autres solutions qu'augmenter la superficie des sols arables et de modifier nos pratiques agricoles. Mais de quelles étendues disposons-nous ?

LES TERRES TROP SOLLICITÉES

Jusqu'à présent, les poussées ou les reculs démographiques suivaient les fluctuations de la production alimentaire. L'extraordinaire amélioration des techniques agricoles du siècle dernier et les progrès considérables en matière de santé ont changé la donne. Les hommes vivent plus longtemps et se multiplient. Désormais la courbe démographique s'est envolée et la courbe de production alimentaire doit suivre coûte que coûte ! Les experts se perdent dans les chiffres. Certains calculent que les aliments fournis par l'agriculture aujourd'hui représentent suffisamment de kilocalories pour nourrir deux fois l'humanité. D'autres, dont je suis, tentent d'alerter l'opinion sur le fait que, dans les deux ou trois prochaines décennies, il faudra doubler la production agricole, ou l'augmenter d'au moins 70 %. Pourquoi cette différence d'analyse ? Les économistes et les ingénieurs raisonnent en termes de rendements et de production. Les scientifiques du sol, pour leur part, savent que la terre arable est un milieu vivant diversifié, si complexe, si sensible à toute variation climatique et à tout abus, qu'il faut la préserver et d'abord la considérer comme une ressource non renouvelable. Car, soyons logiques, comment veut-on améliorer les plantes, augmenter leur rendement, si l'on ne se préoccupe pas au préalable du terreau sur lequel elles croissent ? Sans sol, sans son « limon fertile » qu'est l'argile, il n'y a pas tout simplement de rendement qui vaille !

Rappelons tout d'abord, mais sous une autre forme, ce qu'on a dit dans l'introduction. La terre arable est comptée. Dès le début des années 1960, les scientifiques en dressaient l'inventaire. Seulement 22 % des sols apparaissaient cultivables. On compte aujourd'hui environ 1 600 millions d'hectares de terres cultivées, dont 95 % sont utilisés pour l'alimentation et 5 % pour produire d'autres types de marchandises. Environ 3 500 millions d'hectares servent de pâturages, sur des sols peu épais, peu productifs, souvent dégradés et inaptes à la mise en culture. D'ici 2030, on disposerait théoriquement, de 900 millions d'hectares supplémentaires pour augmenter les cultures alimentaires. Hélas ! c'est sans compter les dégradations de toutes sortes qui touchent le sol fertile, égrenées tout au long des chapitres passés : salinisation, désertification, perte de fécondité, empoisonnement par les produits chimiques, érosion, urbanisation. Elles font perdre entre une et deux dizaines de millions d'hectares chaque année. Et cette liste des méfaits infligés au sol fertile a été dressée dès le début des années 1960, alors que dans les quarante-cinq années qui suivirent, l'occupation agricole gagna près de 175 millions d'hectares cultivés et 330 millions d'hectares de pâturages. Une telle extension s'est produite pour l'essentiel sur trois continents : en Amérique latine, en Afrique subsaharienne et en Asie. Cette dernière ayant aussi joué, voire surtout, la carte du rendement intensif.

On estime qu'un cinquième des terres actuellement cultivées (environ 320 millions d'hectares) est en détresse et cela ne devrait pas s'arranger dans les deux prochaines décennies. Bien plus, la part de cultures dévolues à la fabrication de biocombustibles n'est pas près de diminuer, bien au contraire ! Alors, avec quelles terres supplémentaires allons-nous pouvoir nourrir la population croissante ? Il paraît bien difficile d'avancer un chiffre en millions d'hectares tant les approches sont complexes et approximatives. Quelques millions d'hectares, mais combien au juste ? Un membre de l'Académie d'agriculture s'est avancé à prédire environ 120 millions d'hectares(79). Cela me semble exagérément pessimiste. En partant des données du début des années 1960, qui comptaient les terres de bon à faible rendement, et compte tenu de l'état des sols cultivés et de ceux que la maltraitance a contraint d'abandonner, il resterait théoriquement entre 580 et 600 millions d'hectares à utiliser. Ce chiffre est-il suffisant pour nourrir le milliard d'individus aujourd'hui malnutris, plus les presque 2 à 3 milliards de bouches supplémentaires qui s'installeront sur la planète dans les prochaines décennies ? De quelles terres cultivables virtuelles les continents disposent-ils ? Et quelles sont leurs promesses en termes de rendements ?

TERRES PROMISES

Une bonne partie du monde a fait son plein de terres à nourrir. Même l'Asie a dû répondre à son accroissement démographique des soixante dernières années en exploitant plus de 85 % de sa bonne glaise. Les tropiques, en Amérique du Sud et en Afrique subsaharienne, portent l'essentiel des promesses de jours sans faim pour l'humanité.

Au Brésil, sur les 400 millions d'hectares de terres à cultiver, seuls 70 millions sont actuellement utilisés. Le potentiel agronomique de ce pays est donc encore considérable.

En revanche, l'Inde a utilisé déjà la totalité de sa surface arable, soit environ 170 millions d'hectares ; la Chine, sur les 160 millions d'hectares de production agricole potentielle, ne dispose plus que de quelques millions d'hectares ; l'Europe n'aurait plus que 10 à 15 millions d'hectares disponibles sur les 120 millions d'hectares de capacité agricole. La Fédération de Russie, sur ses 220 millions d'hectares, peut encore espérer mettre en culture 90 millions hectares, les États-Unis, sur un énorme potentiel de départ estimé à 260 millions d'hectares, auraient encore la possibilité d'étendre leur production sur près de 80 millions d'hectares. Toutes ces prévisions sont discutables, d'ailleurs les différents organismes internationaux penchés sur l'avenir agronomique du monde ne se privent pas d'informations contradictoires. Pour faire simple, on peut admettre que les surfaces pouvant être consacrées à la culture représentent, dans les pays tempérés, de 20 à 25 % de la superficie de leur territoire, et dans les pays tropicaux humides de 30 à 50 % ; les pays des zones arides et semi-arides ont un potentiel relativement plus faible. Ce ne sont que des ordres de grandeur, mais proches de la réalité, en sachant que la moyenne cultivable pour l'ensemble des sols des terres émergées est de 22 %.

Des pays peu peuplés, de grande étendue, jouxtent des pays qui le sont trop. Les convoitises entre voisins se feront jour quand la pression démographique sera insoutenable. Par exemple, en Afrique, au sud de l'équateur à ce jour, les terres s'étendent sur 1 200 millions d'hectares avec moins de 300 millions d'habitants. Si l'on veut que la mise en culture de ce territoire ne s'accompagne pas d'une déforestation systématique, ne produise pas les mêmes dégradations et ne s'enferme pas dans les mêmes impasses que celle des pays développés, il serait raisonnable de considérer que seulement 10 % de ce vaste territoire sont encore « gagnables » en sols arables. Il en est de même pour le Brésil qui ne pourra aller jusqu'au bout de ses 400 millions d'hectares sans risque de mettre en péril son environnement.

Il reste donc de grandes inconnues sur l'étendue du réservoir de terres arables. En France, les grands organismes publics de recherche agronomique, l'INRA et le CIRAD(2), se sont essayés à prévoir des scenarii possibles pour l'agriculture du monde en 2050. Pour cela, sans la moindre considération sur la nature du sol, ils ont pris grand soin d'inclure dans leur schéma de développement la préservation des forêts et l'impact du réchauffement climatique. En séparant les continents en grandes zones agricoles, leur proposition appelée « Agrimonde » prévoit pour la zone « Afrique du Nord-Moyen-Orient » une extension possible des terres arables de 7 millions d'hectares ; de 150 millions pour l'Afrique subsaharienne ; de 150 millions pour l'Amérique latine ; de 110 millions pour l'Asie ; de 107 millions pour le groupe de pays de l'ex-URSS et enfin de 77 millions d'hectares pour l'ensemble des pays de l'OCDE-90. Ce modèle estime la totalité des terres disponibles, d'ici 2050, à 601 millions d'hectares. À partir d'« Agrimonde » et de nos propres estimations, on peut se risquer à parier, qu'entre 600 et 650 millions d'hectares seraient encore cultivables à des fins alimentaires. Mais guère plus ! Donc la superficie des terres cultivées actuelles pourrait être augmentée dans les trente à quarante années à venir, d'un peu plus d'un quart, alors que la population mondiale s'accroîtrait d'un tiers environ. Tout juste ce qu'il faudrait pour nourrir dignement le monde, si l'on se base sur une projection à 2 ou 3 milliards d'individus de plus d'ici 2050.

Les inconnues qui demeurent sont, d'une part, la vitesse de dégradation des terres déjà mises en culture et, d'autre part, la pression que l'augmentation des superficies cultivables fera peser sur l'écosystème naturel : le sol et sa vie, l'eau douce des nappes et des fleuves, la faune et flore aquatiques, la forêt et sa biodiversité.

C'est la raison essentielle qui motive une approche agricole différente de celle qui a prévalu jusqu'à présent. Le monde professionnel qui s'en occupe, les ingénieurs qui conseillent et les agriculteurs qui mettent en pratique doivent, en ce sens, profondément revoir leur copie sur les rendements à base de dopage chimique et de perfusion d'eau douce systématiques. Il est temps de revenir à l'observation de l'écosystème terrestre et d'essayer de se servir de ses propres forces pour produire la nourriture des hommes.

La plus grande réserve de terres arables se situe dans les pays tropicaux où les forêts, pourtant bien dégradées, forment encore de vastes ensembles fourmillant de biodiversité. C'est là qu'il faut sans tarder s'atteler à la tâche. La difficulté est d'y faire progresser l'agriculture sans en détruire les fondements, à savoir sols et diversité biologique. Car il existe d'énormes conflits entre la conservation des ressources naturelles et le développement économique que ces pays souhaitent atteindre(30). Les populations locales préfèrent donner la priorité à leur bien-être immédiat, ou même parfois à leur propre survie, plutôt qu'à la préservation du sol ou de la biodiversité.

Plusieurs questions sont donc soulevées. Les terres tropicales ne sont-elles pas plus fragiles que celles des pays tempérés ? Va-t-on pouvoir endiguer, ici plus qu'ailleurs, la fuite et la dégradation des argiles ? Peut-on comparer les systèmes agricoles du Brésil et de l'Afrique subsaharienne ? Pourra-t-on y poursuivre le développement agricole et réussir à préserver 50 % de leurs terres et de leurs forêts comme le préconisent de nombreuses études scientifiques(78) ? Les tropiques, une fois de plus, méritent qu'on s'y arrête. Et qu'on regarde rapidement comment leur développement agricole a été mené.

PROMETTEURS TROPIQUES

J'ai découvert, voici peu de temps, dans sa quatrième édition, le magnifique ouvrage de Pierre Gourou écrit en 1947 *Les Pays tropicaux*(44). L'essentiel de l'agriculture des tropiques et son devenir y ont été compris grâce à un sens aigu de l'observation des sols, des populations et des pratiques du travail de la terre.

À l'origine, chaque continent possédait une faune et une flore particulières, bien que les vieux et épais manteaux des sols tropicaux soient similaires, notamment entre l'Amérique tropicale et l'Afrique subsaharienne. Les systèmes de culture étaient orientés vers l'exploitation presque exclusive du domaine végétal, étant donné que le milieu chaud et humide, couvert d'épaisses forêts, n'était guère favorable à l'activité pastorale. Mises à part la zone orientale de l'Afrique, comprenant le Soudan et Madagascar, et l'Inde qui furent touchées très tôt par la pénétration de l'élevage bovin venu du Croissant fertile, il fallut attendre l'époque historique pour que soit importé, par les peuples migrant des régions arides du nord-est, l'élevage du gros bétail dans l'Afrique tropicale. Encore fallait-il qu'il pût résister aux maladies du bétail si répandues. Les conquêtes de l'Amérique tropicale de la fin du XVe et du début du XVIe siècle eurent d'heureuses conséquences pour l'Afrique subsaharienne. Depuis plus de cinq siècles, un immense brassage de plantes tropicales s'est fait à travers les continents chauds et pluvieux. Pour les aliments de base, l'Amérique a peu reçu (le riz) et beaucoup donné (manioc, patate, maïs, haricots, arachides) ; pour les fruits, elle a également peu reçu (manguier) et beaucoup donné (papayer, avocatier, sapotillier, goyavier). L'Afrique noire s'est empressée d'adopter des plantes nouvelles, notamment si elles n'exigeaient aucune modification des techniques traditionnelles. Ce fut le cas pour le maïs (qui se cultivait comme le sorgho), le manioc et la patate (qui demandaient moins de travail que les ignames), l'arachide… Le succès des plantes américaines en Afrique, lié à la simplicité des techniques à mettre en œuvre, fut tel que de nos jours l'Afrique noire mourrait de faim sans le manioc et le maïs(44).

Jusqu'au XXe siècle, les techniques agricoles occidentales n'ont pénétré que progressivement les champs tropicaux.

Même au Brésil, pourtant terre d'exil européen, la diffusion des méthodes modernes se faisait lentement. Pierre Gourou rapporte que, en 1920, ce pays immense ne comptait que 140 000 charrues, dont la moitié dans le seul État du Rio Grande Do Sul ; en comparaison l'État du Para (au nord) avait une charrue pour environ 6 000 travailleurs. Mieux encore, dans certaines parties de l'État de São Paulo, l'épieu à fouir était toujours utilisé. Les zones humides étaient encore le domaine des petits cultivateurs. En Afrique, ceux-ci décelaient la fertilité du terrain à cultiver par la présence de certaines plantes sauvages exigeantes en nutriments. La taille des arbres et le nettoyage par le feu étaient des pratiques courantes avant de préparer la parcelle choisie. Elles permettaient d'enrichir le sol en cendres. Chaque hectare de forêt détruite anéantissait environ 1 000 tonnes de matière organique. Mais les familles disposaient d'abondantes terres meubles, qu'elles ne retournaient presque jamais pour éviter leur érosion, et semaient dès les premières pluies à l'aide de plantoirs plus ou moins rudimentaires. La jachère à longue révolution servait à préserver la fertilité du sol, elle durait une vingtaine d'années pour que la forêt puisse se reconstituer et garnir le sol sous-jacent de mille substances nutritives. Tout acharnement à cultiver trop longuement une parcelle ruinait le sol que la forêt avait peine à réoccuper. Avec cette pratique agricole, une famille avait besoin pour vivre de 6 hectares de bonne terre ou de 20 hectares de terre pauvre. Ceci détermina, pendant longtemps, la faible densité de population des zones tropicales humides.

Dans la seconde moitié du XXe siècle, la compréhension des mécanismes de formation et de dégradation du sol rouge de ces régions fut mieux cernée, la connaissance de la biodiversité animale et végétale s'est approfondie. Voyons comment les savoir-faire agricoles modernes ont largement diffusé et comment la « révolution verte » est passée par là ! Plusieurs pays ont su progresser grâce à l'usage agricole des terres défrichées, alors que d'autres sont restés à la traîne.

Les récoltes de grains augmentèrent entre 1950 et 1990 un peu partout dans le monde par l'usage de techniques de culture occidentales, les pays tropicaux suivant la cadence. En Asie, dans l'élan de la « révolution verte » avec des variétés de céréales mieux adaptées aux conditions climatiques, avec l'usage systématique d'intrants chimiques et avec la généralisation de l'irrigation, le rendement à l'hectare s'est envolé. Par exemple en Inde, la production de blé a été multipliée par 3, en Chine la production de grains a été multipliée par un facteur 4, et en Indonésie le rendement de riz par 2,4. Ainsi ancrés sur une agriculture florissante, ces pays purent développer le secteur industriel et émerger du sous-développement. Il en fut de même en Amérique du Sud, et en particulier au Brésil. Le passage au XXIe siècle accentua cette tendance. Si l'extension des surfaces cultivables fut sensible en Asie du Sud dès les premières décennies de la révolution verte (+ 20 % entre 1960 et 1990), dans les dix années qui suivirent le rendement en céréales continua son ascension sans ajout de terres arables, voire en les diminuant de 2 % environ.

Le cas de l'Afrique subsaharienne est quelque peu différent. Pas vraiment touchée par la révolution verte, concomitamment au développement de sa population, elle n'augmenta que légèrement sa production de grains entre 1960 et 1990 en accroissant considérablement les superficies de terres cultivées au prix d'une déforestation sans précédent, à un rythme double de l'Amérique et de l'Asie tropicales. En 2001, le périmètre des terres labourées avait plus que doublé alors que la production de céréales piétinait depuis deux décennies. Si bien qu'au cours des vingt dernières années du XXe siècle, la production de nourriture *per capita* s'était accrue en moyenne de 15 % dans les pays industrialisés, de 45 % en Asie du Sud et de l'Est, de 5 % en Amérique latine et, en revanche, avait décru de 20 % en Afrique subsaharienne. En 1990 le monde comptait 786 millions de malnutris dont près de 40 % dans cette Afrique tropicale(59).

Aujourd'hui, les sols tropicaux portent les promesses du développement de l'agriculture au XXIe siècle. Cette perspective mérite qu'on s'intéresse tout particulièrement aux sols de ces régions, qui couvrent plus d'un tiers des terres émergées. On les appelle les « latérites » au sens large et, au premier coup d'œil, ces terres sont rouges, s'envolant en poussière fine sous les roues des véhicules qui foulent les pistes. Le spécialiste y reconnaît mille nuances dans la structure, la composition, la fertilité. En gros, les latérites s'étendent entre le 25e degré de latitude nord, au-dessus du tropique du Cancer et le 27e degré de latitude sud, au-dessous du tropique du Capricorne. Les latérites couvrent une zone intertropicale un peu agrandie. Elles varient entre deux extrêmes, l'une formée dans les zones équatoriales où les pluies abondantes tombent presque toute l'année, l'autre dans les régions que la mousson du sud laisse en répit l'essentiel de l'année.

Les régions fortement arrosées auront toujours assez de pluie et de sols meubles pour assurer les récoltes ; bien que la déforestation assidue puisse, régionalement, modifier la pluviométrie. Les sols de ces zones (ou latérites meubles) sont épais, essentiellement composés d'argile regroupée en minuscules pelotes juxtaposées, laissant racines et eau de pluie pénétrer facilement en profondeur. À la fois toujours humides par l'eau présente au sein des pelotes d'argile et essuyés de l'excès d'eau par les vides communicants ménagés entre ces pelotes, ces sols abritent une extraordinaire richesse biologique, notamment en micro-organismes. Pour autant que le sol voie sa biodiversité et sa structure argileuse préservées, il peut constituer le soubassement d'une agriculture florissante. L'argile est l'atout cardinal de la mise en culture des tropiques : elle retient les molécules organiques tout en les protégeant d'une dégradation trop rapide par les bactéries ; en retenant les nutriments minéraux rajoutés au sol pour maintenir sa fertilité, elle constitue un panier à provisions pour les cultures.

Mais l'argile est fragile. Là, plus qu'ailleurs, car elle est la seule richesse essentielle : les sols tropicaux n'ont pas l'humus opulent des sols des pays tempérés qui assurent le renouvellement de leur fertilité. Elle nappe les reliefs bombés sans altitude des tropiques humides. Peuplés d'arbres, les épais sols argileux restent accrochés aux collines. Leur déforestation pour l'usage agricole peut avoir des conséquences néfastes si l'on n'y prend garde. Un labour, le piétinement d'un chemin peuvent rapidement se transformer en ravine lors des averses tropicales. Et l'argile se rue par centaines de tonnes vers les rivières. Parfois, ce sont des flancs entiers de modelé qui cèdent sous l'agressivité de la pluie, emportant tout dans leur glissement : champs, récoltes, troupeaux, routes, villages, habitants.

Ainsi, la terre tropicale se couvre d'un tissu d'entailles vives qui mettent à nu la roche dure à 10 ou 20 mètres de profondeur. Cette roche est celle qui a enfanté l'argile. Elle réapparaît, après des centaines de milliers d'années passées dans l'obscurité du sol à fabriquer patiemment de l'argile. Il aura suffi d'une décennie pour que l'épais manteau de terre rouge, multimillénaire, s'efface du paysage.

Les cultivateurs de ces pays ont appris à lutter contre le ravinement par l'aménagement de terrasses le long des courbes de niveau. Celles-ci couvrent parfois la totalité des fortes pentes, ne permettant que l'installation de parcelles étroites qui excluent toute mécanisation. Tout cela montre la fragilité des latérites meubles. Leur exploitation agricole nécessite des techniques appropriées, excluant le labour et l'emploi massif des pesticides.

Les tropiques comprennent aussi des régions qui reçoivent une précipitation moyenne inférieure à 1 000 millimètres. Le régime des pluies connaît de fortes irrégularités en volume et en répartition, ce qui rend certains pays tropicaux inférieurs à la plupart des pays tempérés. Ces alternances répétées de période pluvieuse et de saison sèche permettent aux oxydes de fer dispersés dans l'argile colorant la terre en rouge, de se regrouper et de s'indurer. Vingt pour-cent de ces sols tropicaux sont dépourvus de valeur agricole parce que leur partie supérieure, là où les cultures devraient s'enraciner, est indurée par les oxydes de fer jusqu'à constituer des cuirasses de plusieurs mètres d'épaisseur. Les indurations ferrugineuses sont la marque de vieux sols, eux aussi multimillénaires. Des pans entiers de territoire sont ainsi stériles, comme c'est le cas au Burkina Faso ou en Centrafrique. En général, les populations fuient ces zones livrées aux animaux sauvages. Parfois pourtant, des hommes s'acharnent sur des lopins de terre sableux et caillouteux indigents, ménagés entre les dalles ferrugineuses indurées, où seule l'arachide ou un peu de sorgho squelettique trouvent un précaire refuge.

Les techniques de culture aux rendements modestes ne permettaient pas de suivre la croissance des populations des zones tropicales. La « révolution verte », avec son irrigation, ses variétés de plantes à fort rendement, l'usage massif d'engrais et de pesticides (multiplié par cent), la mécanisation généralisée, aura permis à une grande partie de la population d'Asie du Sud, notamment, d'accéder en deux décennies à la sécurité alimentaire. Mais à quel prix pour l'écosystème naturel ! Les nappes d'eau souterraines se sont réduites ; les herbes adventices et les insectes parasitaires expriment des résistances aux intrants chimiques dont il faut renouveler sans cesse les molécules dans une course sans fin, qui conduit à une multiplication de résidus toxiques qui s'accumulent dans les argiles du sol ; la terre elle-même, sollicitée à outrance, s'est vidée de ses nutriments originels. Désormais, elle est bourrée d'éléments de toutes sortes qui la tiennent en vie artificiellement, parce que la vitalité naturelle du sol ne peut plus jouer son rôle. Combien de temps encore ? Déjà, les rendements stagnent et tendent localement à baisser.

L'application d'une agriculture à visage occidental dans des contrées tropicales, avec des terres si différentes, est un progrès en trompe-l'œil. Il ne dure qu'une fraction de siècle, donnant à ses défenseurs l'illusion d'avoir sauvé le monde. Si de très nombreuses famines ont pu être évitées à la fin du XXe siècle, ce qui est fort notable, le support écologique de cette réussite éphémère dans l'histoire des hommes est éreinté. Dès les années 1990, les scientifiques notaient que les mauvais usages agricoles, qui se traduisaient depuis deux siècles par une dégradation sérieuse de 23 % des terres en Europe, avaient déjà, en une poignée de décennies, atteint les sols des tropiques. La détérioration touchait 18 % des terres d'Asie, 15 % en Amérique latine et 17 % en Afrique(81).

LES CEINTURES SEMI-ARIDES

Les pluies abondantes qui s'abattent sur les zones équatoriales déchargent de leur humidité les courants atmosphériques chauds qui montent dans la haute atmosphère, s'y refroidissent et, desséchés, redescendent en boucle plus au nord, sur des régions qui en sont peu arrosées, semi-arides, à la limite des tropiques. Les sols y sont pauvres, encore plus fragiles, et les populations qui vivent démunies sur une terre exténuante s'adonnent à l'élevage et au nomadisme en courant après les rares pluies et les pâtures. De nombreuses voix soucieuses de tant de misère réclament la mise en valeur agricole de telles ceintures semi-arides. Les nombreux points d'eau, forés jusqu'aux nappes fossiles profondes, ne sont qu'un demi-succès. Les troupeaux, conduits sur quelques dizaines de kilomètres à la ronde par leurs bergers, fondent sur ceux-ci. Là, le piétinement des animaux, la surcharge pastorale et le besoin des hommes de faire du feu pour se nourrir malmènent les sols fragiles, peu épais, et les plantes épineuses. Il ne finit par rester autour des points d'eau qu'une terre exsangue, hérissée de minces troncs desséchés. Dans ces paysages aplanis, les quelques points bas, mieux garnis d'argile, sont abondamment cultivés et irrigués, puisque l'eau n'est momentanément pas comptée. L'illusion de satiété ne dure, tout au plus, qu'une décennie ou deux avant que la terre, salée, soit abandonnée. Les continents perdent de larges bandes de plusieurs dizaines de kilomètres par la désertification. Vouloir implanter dans de telles régions une agriculture irriguée intensive, c'est courir à l'échec. Sols et végétations sont trop frêles. À vouloir forcer la terre, on finit par arroser du sable et à récolter du sel ! Les populations n'auront alors d'autres choix que de migrer ou de mourir de faim. La sécurité alimentaire ne peut être assurée dans ces zones que par l'achat massif d'eau virtuelle, c'est-à-dire par l'importation de denrées alimentaires de pays où l'eau de pluie est abondante. C'est le seul moyen de ménager les ressources naturelles et de les réserver à d'autres usages personnels moins gourmands en eau : se désaltérer, cuisiner, se laver...

AMÉLIORER SANS EXCÈS

La zone intertropicale reçoit tout au long de l'année la plus importante quantité de radiations solaires. En conséquence, l'absence de fluctuations saisonnières des températures des régions proches de l'équateur, ou sa faible variation lorsqu'on s'en éloigne, est une de ses principales caractéristiques de cette zone. En revanche, la pluviométrie peut varier de façon plus sensible en se déplaçant en latitude d'un point à l'autre de cette zone. Les pluies qui tombent sur le sol, régulent son humidité et par conséquent la végétation qui y pousse. Les terres émergées les plus humides sont inégalement réparties sur le globe. L'Amérique latine possède 44 % des sols tropicaux les plus humides, l'Afrique 30 % et l'Asie 25 %. Le pour-cent restant se partage entre l'Australie du Nord-Est, et les îles tropicales très arrosées (Nouvelle-Calédonie, Hawaii, etc.). On estime qu'environ 2,5 milliards de personnes vivent dans ces zones, réparties entre 60 pays(5).

Le réchauffement climatique ne devrait pas avoir d'effet négatif à long terme sur les précipitations des zones humides : les observations satellitaires viennent en ce sens conforter les modèles mathématiques prédictifs ; les pluies tropicales s'intensifient dans les régions équatoriales[(4)].

Les latérites humides argileuses ont une teneur en nutriments très variable selon la nature des roches sur lesquelles elles se sont développées au fil du temps. Par exemple, les terres amazoniennes en grande partie générées par des grès en sont pauvres, alors que les sols hawaïens formés à partir de basaltes en ont beaucoup plus. Généralement, un sol dégarni de nutriments est acide et peu fertile ; bien plus, l'aluminium, très présent dans toutes les latérites, peut devenir mobile et être disponible pour les plantes pour lesquelles il s'avère toxique. En revanche les argiles des latérites ont une très grande capacité de fixer le phosphore.

L'exploitation agricole des tropiques humides a comme préalable la connaissance du sol. On ne peut pas faire n'importe quoi n'importe où ! Il est temps que les grandes agences internationales dont la Banque mondiale cessent de penser que les problèmes de nutrition se traitent dans ces pays uniquement par des politiques macroéconomiques et de gouvernance dérivées des pratiques occidentales.

Tout d'abord, les pays des tropiques humides doivent considérer leurs forêts comme leur bien le plus précieux. L'agroforesterie, plutôt que les monocultures, est une garantie contre l'érosion tout en permettant aux espèces tolérantes à l'ombre de prospérer (cacao, café, poivre, vanille...). Les cultures d'arbres pérennes, tels les palmiers à huile africains, les hévéas ou les cocotiers, contiennent aussi l'abrasion des terres. Pour ces derniers, les chercheurs du CIRAD ont pu montrer récemment que les plantations fixaient autant de gaz carbonique que la forêt tropicale primaire le faisait. Hélas ! Leur étude ne tient pas compte des implications qu'une monoculture arbustive a sur le sol, sa structure et sa biodiversité.

Mais il reste qu'il faut développer les cultures de céréales pour réduire la faim. Il faudrait tripler les rendements par unité de surface dans les deux prochaines décennies avec pour impératif de conserver la fertilité du sol. L'usage des engrais organiques et minéraux ne peut être évité mais, pour sauver la terre cultivée, leur emploi doit être réduit au strict nécessaire. Connaître le sol, son argile, sa texture, sa perméabilité, sa composition, sa teneur en eau, ses microfaune et flore avant et après son usage agricole est autant de garanties pour lui garder sa viabilité. Si le phosphore à fournir n'a d'autre source que des engrais minéraux, l'azote qui, combiné au carbone, a l'avantage de servir la plante cultivée et les micro-organismes du sol peut être fixé par des légumineuses. Il serait préférable d'installer, sur chaque parcelle, une alternance d'autres cultures faites de légumineuses fixatrices d'azote. Celles-ci peuvent capturer entre 50 et 100 kilos d'azote par hectare et par an, presque autant que l'exige une culture céréalière en engrais artificiel(87).

Il existe d'autres voies pour mettre en culture ces terres. La préservation du sol peut venir de la plante elle-même, à condition, bien sûr, d'admettre l'amélioration génétique comme un facteur de progrès. Une bactérie fixatrice d'azote trouvée sur les feuilles et tiges d'une variété de canne à sucre et incorporée à son génome permet aux agriculteurs brésiliens d'obtenir des cultures à haut rendement sans apport d'azote à la terre. On peut espérer par le génie génétique doter les céréales de la capacité à fixer l'azote de l'air.

On l'a dit, bien des terres tropicales sont acides et la toxicité de l'aluminium, réduisant la longueur des racines des plantes, limite beaucoup le rendement des cultures. La recherche agronomique brésilienne(68) a su résoudre ce problème par une double démarche : l'ajout à la terre de poudre de plâtre (gypse) et la mise au point de plantes tolérantes à l'aluminium. Les variétés (cultivars) obtenues pour le maïs ont vu la longueur de leurs racines tripler et pénétrer les couches du sol plus profondes, plus humides et souvent plus riches en carbone. Car si le carbone est rapidement détruit en surface, la fraction entraînée plus en profondeur et fixée sur les particules d'argile échappe à une décomposition rapide et peut servir les racines des plantes.

Les très fins broyats de roches basaltiques épandus sur les terres tropicales cultivées qui livrent sous l'action de la pluie leur magnésium, leur calcium et des oligoéléments régénèrent en une dizaine d'années leur fertilité minérale, à condition de pratiquer le « non-labour » (sur lequel on va revenir) et de n'utiliser aucun pesticide. Si, en plus, ce broyat est ajouté à des engrais (azote, phosphore et potasse), les nutriments sont au complet et le rendement augmente de plus d'un tiers par rapport à celui d'une terre sur laquelle les engrais seuls sont employés. Ces techniques agricoles sont désormais très répandues au Brésil. Elles ont même permis de mettre en exploitation la région des « cerrados[26] » – région de savanes arborées, grande comme une fois et demie le territoire français –, dont la population a doublé au cours des deux dernières décennies du XXe siècle grâce à une importante immigration de fermiers venant des régions agricoles du Sud brésilien. Délaissant de petites propriétés aux bonnes terres, ils ont acquis moins cher de plus grandes parcelles de terres pauvres et, en adoptant des pratiques de conservation des sols indispensables à ce type de terrains tropicaux, ont su y développer des cultures intensives de maïs et de soja où prévalait jusqu'alors une agriculture de subsistance, voire aucune agriculture. Enfin, ils n'ont pas hésité à s'orienter vers la culture de variétés de plantes mieux adaptées à leur climat et à leur terre, mais aussi à utiliser des variétés génétiquement modifiées résistantes à certaines pathologies ou ravageurs, leur permettant de réduire considérablement l'emploi de pesticides et les pertes par pourrissement toxique pendant le stockage des grains.

L'Afrique tropicale a toutes ses chances dans le développement agricole de la première moitié du XXIe siècle. Dans ce vaste continent, qui pourrait contenir la surface réunie des États-Unis, de l'Europe, de l'Inde, du Bangladesh, de la Chine, du Vietnam et du Japon, les terres cultivables ne manquent pas. Saura-t-elle les exploiter sans les ruiner ? Saura-t-elle tout simplement les garder et ne pas les livrer à des puissances non africaines ? Le danger est aussi là !

SOLS FERTILES À LOUER !

Un couple de fonctionnaires, aux revenus modestes, vient de prendre sa retraite. Tous deux se sont privés du superflu pendant trente ans pour acquérir un petit appartement dans un des arrondissements de Paris qui restent abordables. Ils ont choyé leur bien, l'ont équipé de façon pratique et moderne, et rien n'y manque : ni la cuisine, ni l'isolation, ni le chauffage, ni la salle de bains entièrement carrelée avec une baignoire flambant neuve ; des moquettes épaisses couvrent les sols des deux chambres et du salon. Un petit bijou d'appartement auquel ils tiennent tant, car c'est une partie de leur vie, de leur âme qui y flotte. Mais leur fille unique, mariée, s'est installée en province, en famille. Le couple décide donc de se rapprocher de ses petits-enfants et de leur fille, et met en location leur appartement parisien. L'argent du loyer comblera largement celui du studio de la petite ville de province qu'ils s'apprêtent à habiter. La vie de ce couple coule harmonieusement au fil des ans qui voit grandir les petits enfants. Heureux grand-père et grand-mère ! Dix ans ont passé et les ennuis de santé de ces personnes âgées s'accumulent, au point qu'elles décident de regagner la capitale, mieux pourvue en hôpitaux et si rassurante en cas d'urgence ! Le couple reprend donc possession de son appartement. Et là, patatras ! Le lieu coquet et propre qu'ils ont loué dix ans auparavant est dévasté : papiers peints arrachés, cuvette des toilettes fendue, moquettes usées et éraillées, placards sans portes, éléments de cuisine en partie cassés et couverts de graisse collante, plus d'eau chaude, les robinetteries fuient, etc. la remise en état est désormais au-dessus de leurs moyens. Le couple sous le poids de l'âge est désemparé, il va devoir vivre dans son appartement délabré.

Il s'agit bien sûr d'une fiction, mais je reste sûr que des lecteurs s'y retrouveront. On prend soin de ce qui nous appartient. Un doute subsiste quant à savoir si on en ferait autant si l'on devait seulement s'en occuper ou en profiter.

Aujourd'hui, bien des nations conscientes de la poussée démographique de leurs populations respectives savent qu'elles devront les nourrir convenablement pour éviter tout soulèvement social et politique. Pour assurer leur sécurité alimentaire tout au long du XXIe siècle il faudra compter sur des ressources en eau et en terres arables qu'elles n'ont plus, ou dont elles manqueront dans la prochaine décennie. La mode, depuis 2008, est à l'investissement dans les ressources naturelles à vocation agricole du voisin, plutôt qu'épuiser les nappes d'eau souterraines et les sols chez soi[20][89].

L'Arabie Saoudite, la Libye, les Émirats arabes, le Koweït, le Qatar, l'Égypte, la Chine, la Corée du Sud, l'Inde louent, parfois achètent, par l'intermédiaire d'investisseurs privés, des millions d'hectares des terres les plus rentables en Afrique subsaharienne ou en Asie tropicale. L'accaparement des sols prend une allure de ruée vers l'or vert, soustrayant aux paysans locaux les terres argileuses fécondes dont ils auraient le plus besoin pour asseoir des cultures traditionnelles, soubassement solide de tout autre développement, notamment industriel. Car, s'approprier, même pour un temps, entre quelques centaines de milliers et plusieurs millions d'hectares dans des pays comme le Soudan, le Mali, l'Éthiopie, le Ghana, la Zambie, le Zimbabwe, l'Ouganda, la Tanzanie ou la Birmanie, l'Indonésie, et demain ailleurs, équivaut à louer des concessions, dont la superficie totale dépasserait les 20 millions d'hectares. Une superficie comparable à celle du Danemark, de la Suisse, des Pays-Bas, de la Belgique et de l'Irlande réunis ; plus étendue que toutes les terres agricoles françaises. Certes les terres européennes sont plus fertiles, mais, sans aucun doute, les investisseurs, locataires, sauront les rendre productives. Et là se situe le problème. Ils essaieront d'obtenir des sols le meilleur rendement pour tirer profit de leur investissement et s'engageront dans une agriculture intensive, à grand renfort de fertilisants et de traitements chimiques.

L'Afrique subsaharienne est particulièrement convoitée dans ces opérations d'accaparement des terres les plus prometteuses. Les experts de la FAO veulent voir là une opportunité pour que l'agriculture africaine prenne son envol. On doit craindre pourtant qu'il s'agisse moins d'une aide au développement du pays hôte que d'une affaire rentable pour le locataire. Et le résultat risque d'être la ruine des terres avec les conséquences que l'on sait sur les aquifères et la biodiversité. Sans compter que le retour sur investissement ne réglera pas l'accès à la sécurité alimentaire des pays propriétaires fortement importateurs de denrées alimentaires, ni ne bénéficiera à la population locale dont on fait peu de cas lors des négociations. Il n'est pas toujours simple de s'approprier ou simplement d'investir temporairement les terres de populations dont elles constituent l'ancrage traditionnel. L'exemple malgache est là pour nous le rappeler.

En novembre 2008, le *Financial Times* révélait que le conglomérat industriel sud-coréen Daewo s'apprêtait à louer pour 99 ans une concession de 1,3 million d'hectares de terres arables situées dans l'ouest et le nord-est de Madagascar afin d'y cultiver du maïs et du palmier à huile. La production visée d'un demi-million de tonnes d'huile de palme et de 4 millions de tonnes de maïs serait intégralement réexportée vers le pays locataire, la Corée du Sud. Dans un pays démuni, où règne en toile de fond une instabilité politique, où le potentiel global de bonnes terres à cultiver doit tourner à moins de 10 millions d'hectares, et où la sécurité alimentaire dépend des importations étrangères, l'affaire est mal vécue. La majorité de la population malgache ignorant l'aspect bénéfique que cet investissement induirait en termes d'emplois et de recettes pour l'État, se voit dépossédée de près de 15 % de son patrimoine agricole par un pays étranger et exprime sa colère. Pourtant de la même ethnie Houvas que le président malgache, le maire de Tananarive, Andry Rajoelina prend la tête du mécontentement qui gonfle au fil des jours, de manifestations en émeutes, jusqu'à ce que les forces de sécurité le rejoignent. Peu de temps après, dans un climat de coup d'État, le chef de l'État, Marc Ravalomanana démissionne à la mi-mars 2009. Le conglomérat sud-coréen se retire.

L'Afrique subsaharienne et Madagascar, un demi-siècle après leur indépendance, montrent encore une grande sensibilité à leur passé colonial. La terre est, pour leurs populations, le symbole de leur souveraineté et de leur liberté. Elle n'est pas négociable à n'importe quel prix. Surtout si les gouvernements négocient avec les investisseurs étrangers, sans informer les populations concernées qui jusqu'à présent cultivaient ces terres sous forme de petites exploitations familiales.

Le développement de l'Afrique subsaharienne ne peut s'appuyer que sur une agriculture performante. Les investissements étrangers sont indispensables à cet effet. Même si l'Inde, qui craque dans ses terres agricoles devenues insuffisantes, ou la Chine, dont le sol épuisé ne produit plus assez de riz, s'engagent à dédommager les paysans, à équiper les contrées concédées, à redistribuer une partie de la production sur place, que va-t-on faire de toutes ces familles rurales sans emploi ? Le petit pécule qu'elles toucheront les aidera tout au plus à venir grossir les capitales surpeuplées. Il faut craindre ces pays qui abusent de la terre africaine. Jamais nous n'avions connu un accaparement des ressources foncières d'une telle ampleur.

DEMAIN IL FAUDRA NOURRIR L'AFRIQUE

Il faudra doubler la production agricole dans les prochaines décennies pour nourrir une population mondiale qui aura crû de 50 %. L'effort à fournir ne sera pas le même pour tous les pays. L'Afrique subsaharienne suscite le plus d'inquiétudes ! Et pourtant mise à part la zone sahélienne qui a un vrai problème de qualité des sols lié à un environnement climatique capricieux à l'extrême, et à un manque de réserves d'eau douce, les autres pays sont suffisamment arrosés et possèdent d'épais sols argileux, autrefois couverts de forêts.

Comparée au Brésil, l'Afrique subsaharienne, on l'a vu, présente des conditions de sols et de climat similaires. La différence est essentiellement d'ordre social et politique. Le Brésil a fait le pari d'une recherche de pointe dans le secteur agronomique. En investissant dans la recherche avec l'aide de l'Allemagne, de la France, de l'Angleterre puis des États-Unis, il a su préparer, dans tous les domaines, les chercheurs et les techniciens dont il avait besoin pour s'extraire du sous-développement et passer d'un seul bond dans le peloton de tête des pays industrialisés. En multipliant ses universités et ses écoles, il a formé de très nombreux techniciens, ingénieurs et chercheurs qui se sont investis dans le pays. Placer un dollar dans la recherche au Brésil rapporte plus, au bout de trois ans, qu'à la caisse d'épargne. Enfin, depuis le début de la démocratie, le Brésil, en moins de trente ans, malgré les soubresauts de son économie, a su se hisser parmi les grandes nations productives en s'engageant dans une voie agricole intensive et extensive. À cette fin, il utilise les techniques des pays industrialisés. Et son souci aujourd'hui, avec ses 80 millions de paysans, n'est pas de réduire les quantités d'engrais ou de pesticides employés, mais de produire toujours plus.

Les deux dernières décennies ont vu l'« agro-négoce » du Brésil s'envoler, jusqu'à constituer un quart environ du PIB de ce pays. Désormais, le Brésil est le premier producteur et le premier exportateur de sucre (41 % du marché mondial), de café (28 %) et de jus d'orange (82 %) ; ce pays est également le deuxième producteur au monde, mais le premier exportateur d'alcool, de soja, de viande bovine, de viande de poulet et le troisième producteur de maïs et de viande de porc. Avec un potentiel exceptionnel de terres arables, le Brésil se présente pour le XXIe siècle comme un géant de l'agriculture. Les modèles de projection pour la fin de la prochaine décennie prévoient pour les viandes de poulet, bovine et porcine une augmentation de plus de 50 % ; de 30 % pour le soja, le maïs, le blé, le riz et les haricots ; de près de 180 % pour l'éthanol ; de 35 % pour le lait, etc.

Il reste à l'Afrique subsaharienne à se prendre en main et à la communauté internationale de l'aider à former ses cadres, ses ingénieurs et ses chercheurs, rapidement, massivement. La coopération bon enfant n'est plus de mise. Il s'agit de réaliser un effort sans précédent pour que l'Afrique puisse se nourrir elle-même, en évitant à tout prix la même erreur que l'Inde avec la « révolution verte » : force pesticides, engrais et irrigation. Ni les terres arables ni l'environnement ne le supporteraient.

Hélas ! rien ne laisse préjuger d'un comportement raisonnable sur les terres africaines. Les émeutes de la faim de 2008, et les sécheresses catastrophiques de l'été 2010 pour de grands pays exportateurs de céréales, concomitantes d'une hausse vertigineuse du prix des grains, ne peuvent qu'encourager les investisseurs à réaliser un important profit conjecturel, et l'Afrique à donner à exploiter ses terres au plus pressé et au plus offrant.

En même temps, plusieurs grands pays craignent pour leurs ressources en terre arable qu'ils voient s'épuiser, alors que leurs peuples mangent de mieux en mieux et deviennent toujours plus exigeants. Pour éviter tout risque de pénurie de biens alimentaires dans les prochaines décennies, ils se tournent essentiellement vers l'Afrique subsaharienne pour sécuriser leurs approvisionnements en grains et en bétail. Ils multiplient leurs projets extractifs en faisant travailler leur propre main-d'œuvre. Ils promettent de suivre un code de bonne conduite pour se démarquer de toute connotation coloniale. Tout est flou. Mais comment peut-on imaginer que ces pays prendront soin de la terre africaine, alors qu'ils ont maltraité la leur ? L'essentiel des récoltes sera exporté, enlevé des marchés intérieurs. Un manque pour les populations locales, un risque de nouvelles famines. Et, en fin de bail, les terres restituées seront, à n'en pas douter, exsangues.

L'inquiétant est de voir une opinion mondiale peu concernée par l'ampleur de ce détournement de biens fonciers. Un ami scientifique concluait un article destiné aux *Comptes rendus de l'Académie des sciences* sur la perte de qualité des sols malgaches(69) dépourvus de leur forêt, sur cette phrase : « À un moment où Madagascar vient d'accepter de louer 1,3 million d'hectares dans des régions dont l'une, le Menabe qui touche la zone étudiée et comprend le même type de sol sableux, à un groupe sud-coréen pour la culture du maïs, il est important et urgent de prendre en compte les dégradations sévères constatées dans cette étude. » Son article a été accepté et publié, mais les correcteurs scientifiques ont exigé la suppression de cette phrase, ne la jugeant sans doute pas utile. L'accord avec les investisseurs sud-coréens était certes devenu caduc, mais déjà l'Inde s'engouffrait dans la place vacante ! Cette suppression est tout un symbole : en dehors du fait scientifique, les chercheurs occidentaux ne prêtent pas toujours l'attention qu'il faut aux retombées sociales et politiques de leurs études.

CHAPITRE VII

Une source de calories

UN COIN VERT DANS LE DÉSERT

Tous les déserts ont une histoire aujourd'hui engloutie sous les pierres et le sable. Des vestiges de vieux sols chargés d'argile y sont enfouis, des nappes d'eau profondes subsistent, autant de trésors qui attendent patiemment, depuis la dernière grande période humide il y a 6 000 ans, d'être redécouverts.

Aujourd'hui, dans ces espaces aux lignes épurées, au silence rompu par le vent, l'aridité règne en maître. L'eau est si rare et la terre est une poussière qui file entre les doigts lorsqu'on veut la saisir. La vie y laisse une multitude de traces, pour peu qu'on sache les observer et que le souffle de l'air les épargne, chaque touffe d'herbe devient une oasis. Malgré cela, des hommes y vivent. Cette terre ingrate appartient aux Bédouins. Accrochés aux habitudes transmises, aux gestes ancestraux, ils n'ont de cesse de parcourir ces immensités pour trouver les regs qui, à la moindre humidité, se couvrent d'herbe qui vient verdir de taches étendues, le blanc, le brun, l'ocre, le jaune et le noir des roches patinées, des jupes sableuses et des chotts desséchés. En y travaillant, j'ai appris à aimer ces paysages, leur rudesse et leur indescriptible beauté. Les horizons s'offrent au regard à l'infini, et pourtant, on se sent enfermé dans un monde minéral où la menace reste discrète, mais toujours présente. Dans ce désert dénudé, il n'est de richesse que des hommes !

Les populations itinérantes, vivant de peu, en ont fait leur univers depuis des siècles et des siècles. Et voilà que le changement galope aussi vers elles. Désormais, les faibles rumeurs des villes, portées par les vents, finissent par les atteindre. Les nations se démarquent les unes des autres. À chacune sa part de désert. Des barrières naissent au milieu des nomades et de leur va-et-vient coutumier. Les frontières doivent se matérialiser à tout prix, on tire des rideaux de palmiers, plus rarement de fils de fer barbelés, et aux chemins qui se défont sous le sirocco, on substitue des routes bitumées. Les hommes tentent de s'opposer à l'avancée du désert en fixant le sable et en enracinant les Bédouins.

Mon ami Aziz m'a conduit dans le Sud tunisien où, depuis vingt ans, une portion de sable se métamorphose en oasis. Pour y vivre une partie de cette histoire contemporaine que l'homme construit contre nature.

Nous roulions depuis plus d'une heure sur une route goudronnée ; de part et d'autre, des murs discontinus de palmes séchées, jointives, arrêtaient le sable qui suivait le vent. Nous étions à la lisière du pays, parsemée de rares fortins sur lesquels flottait un drapeau, tantôt algérien, tantôt tunisien. Et puis une palmeraie apparut là, devant nous.

Incroyable plan de verdure étendu sur 2 500 hectares, sorti du sable par l'entêtement patient de deux officiers militaires responsables du projet. Ici, loin de la ville assise dans sa plaine, au bord du chott salé, on sédentarise les familles nomades pour en faire les cultivateurs d'un jardin d'Éden. Car la palmeraie est magnifique. Nivelée et décapée de sa couche de sable vif par les bulldozers, elle laisse affleurer le sol sous-jacent avec, à trente centimètres de profondeur, une couche plus argileuse qui conserve l'humidité pour que les racines des plantes y trouvent un refuge où puiser des forces. Peuplée de palmiers djerbiens adaptés à ce climat, l'oasis est divisée en parcelles de un à trois hectares selon l'importance de la famille chargée de la mettre en valeur. L'eau artésienne provient de forages effectués dans la nappe profonde fossile qui gît à moins de trois cents mètres. Et chaque sortie d'eau rayonne sur l'étendue de huit palmiers. L'oasis est organisée en strates végétales : sous les palmiers dattiers sont plantés des arbres fruitiers, figuiers, grenadiers, abricotiers, amandiers, oliviers. Leurs parfums se mêlent à celui des plantes grimpantes odoriférantes qui embellissent le jardin et embaument l'air du crépuscule lorsque la terre exhale sa chaleur. Des acacias, ici et là, apportent au sol l'azote nécessaire aux arbres. L'irrigation qui court tous les six jours entre de petits remblais de terre, profite à toutes les plantes, même aux buissons de henné, aux fèves, aux oignons, à l'orge qui lèvent au pied des arbres. Du compost naturel vient en aide à la terre. Il est fait d'un broyat de palmes séchées mélangé à la fumure des chèvres et des moutons, enclos dans un coin de chaque parcelle. À cet engrais s'ajoutent quelques plants de luzerne fournisseurs d'azote.

En bordure de la palmeraie, de l'autre côté de la route, quelques petits villages ont été construits en ciment, dans la tradition du pays. Chaque famille possède un logement constitué d'une cuisine, d'une salle d'eau, de deux ou trois chambres et d'une cour. Une école, une mosquée et un dispensaire sont implantés dans chaque village. Un collège existe pour plusieurs d'entre eux, et la réussite de la scolarisation est telle, que la construction d'un lycée est envisagée. Plus d'un millier de nomades y vivent déjà, sédentarisés en agriculteurs. Entièrement subventionnées au départ, les familles implantées suffisent à leurs besoins dès les premières récoltes de dattes, sept ans après la création de la parcelle. Eau potable, électricité, transport du village aux champs travaillés, tout est gratuit au début de l'installation jusqu'à ce que les chefs de famille gagnent leur vie convenablement.

Ce pointillé vert en plein désert porte les promesses d'une vie meilleure pour les populations bédouines. Finies les heures passées en attentes accroupies ; ici, les gens travaillent la terre et s'instruisent dans des conditions dignes. Chaque famille y trouve son compte, chaque enfant, sa chance.

La désertification gagne de nombreuses régions du monde. Elle se compte en millions d'hectares chaque année. Ce projet dans le Sud tunisien pour arrêter l'avancée du sable et asseoir des populations nomades est exemplaire. Il montre que la volonté d'hommes déterminés peut déplacer des coins de désert.

Mais si la terre la plus ingrate est pourvoyeuse de calories à l'homme et aux animaux, elle n'a pu le faire dans le monde moderne très peuplé, que par l'investissement de moyens considérables, faisant montre de l'importance de l'énergie fossile et de la technologie : routes, engins, véhicules, forages... se sont mis au service d'une agriculture traditionnelle adaptée à l'aridité de cette région.

Le développement agricole a été un grand consommateur d'énergie, notamment fossile. C'est à ce prix que des réalisations agricoles dont l'ampleur n'était pas envisageable, comme cette palmeraie au cœur du désert, ont pu voir le jour.

Une relation si étroite existe entre agriculture et énergie que la question qui se pose au monde aujourd'hui sur l'épuisement des combustibles fossiles et sur leur substitution par d'autres sources d'énergie a des répercussions directes sur la façon dont l'agriculture doit être menée. Ce chapitre propose d'aborder cette question : la Terre peut-elle fournir assez de calories à l'alimentation des hommes, des bêtes et demain des moteurs si les carburants fossiles, notamment le pétrole, venaient à manquer ?

Nourrir les hommes, c'est leur fournir suffisamment d'énergie pour qu'ils puissent accomplir leurs tâches dignement. Cette énergie se mesure en kilocalories. En premier lieu, voyons de quelle quantité nous avons besoin et sous quelle forme d'aliments.

L'ÉNERGIE DU PROGRÈS AGRICOLE

Remonter l'histoire de l'humanité et tenter de reconstituer la consommation énergétique quotidienne moyenne *per capita* peut donner une idée de la spirale de besoins dans laquelle les civilisations se sont engagées. L'homme primitif d'Afrique de l'Est, il y a 1 million d'années, entre l'*Homo habilis* et l'*Homo erectus*, au temps des industries archaïques à galets, avait pour seule dépense énergétique, celle de son alimentation, estimée à 2 000 kilocalories par jour (2 000 kcal/j). L'homme chasseur d'Europe, voici environ 400 000 ans, disposait de plus d'aliments et cuisait sa viande, se chauffait au coin du feu dans sa grotte et devait consommer à peu près 6 000 kcal/j. Le grand tournant est pris avec l'abandon de la prédation et la domestication des plantes et des animaux. L'homme a commencé par doubler ses besoins en énergie et ne s'est plus arrêté. L'agriculteur de Mésopotamie, il y a 5 000 ans, utilisait la traction animale pour labourer, sa dépense énergétique devait avoisiner les 12 000 kcal/j. En revanche, l'homme agriculteur qui peuplait l'Europe occidentale du Nord au XIIIe siècle après J.-C., utilisait le charbon de bois, l'énergie du vent et de l'eau, la force animale et devait consommer 20 000 kcal/j. L'homme industriel d'Angleterre vers la fin du XIXe siècle, à l'époque de la machine à vapeur, consommait de l'ordre de 77 000 kcal/j. Enfin l'homme technologique vivant aux États-Unis vers la fin du XXe siècle avait une consommation évaluée à 230 000 kcal/j[43].

En l'espace de dix millénaires, depuis l'invention de l'agriculture, l'énergie utilisée *per capita* se serait multipliée par 20. Depuis, la population mondiale n'arrête pas d'augmenter et d'améliorer ses conditions d'existence, de se suralimenter. Sa consommation d'énergie explose. Et les sources d'énergie se sont multipliées : à la biomasse (le « bois ») du début, se sont ajoutés l'eau, le vent, le charbon, l'hydraulique, le pétrole, le gaz, le nucléaire, le solaire.

Une grande partie de l'énergie est utilisée pour se nourrir. Pas seulement par la valeur calorique des aliments ingurgités, mais surtout par celle dépensée pour les produire, les transporter et les commercialiser. L'agriculture dépense quatre fois plus d'énergie que l'industrie. L'homme du XXIe siècle est « énergivore ». La consommation mondiale moyenne annuelle d'énergie était évaluée, au début du siècle, à 10 milliards de tonnes équivalent-pétrole (10 Gtep), dont la moitié était le fait de l'Amérique et de l'Europe. De nos jours, l'usage veut qu'on se réfère à l'énergie fournie par une tonne de pétrole brut lorsqu'on compare les énergies fournies par des sources différentes. Ainsi on parle de tonne équivalent-pétrole (tep) en sachant qu'une tep équivaut à 10 millions de kilocalories.

QUELLE ÉNERGIE MANGE-T-ON ?

Tout le monde sait qu'une créature vivante a besoin d'énergie pour vivre et perpétuer son espèce. Elle la trouve en général dans son alimentation très variable selon les espèces considérées. Elle est au centre des préoccupations de l'être humain.

Depuis les chasseurs-cueilleurs ancestraux, l'alimentation ne saurait être réduite à la satisfaction des seuls besoins physiologiques et, contrairement à la plus grande partie des autres créatures vivantes, se nourrir a pris une dimension culturelle et sociale qu'on ne peut plus ignorer lorsqu'on parle de subvenir aux besoins alimentaires de la planète. La variété des régimes alimentaires tout comme les langues ou le fait religieux sont une des pièces de la mosaïque sociale.

La globalisation tend à niveler les différences culturelles, mais il lui faudra plus de temps pour homogénéiser les peuples dont les usages se sont conformés aux milieux extrêmes où ils vivent. Il sera difficile de contraindre un Inuit à manger cinq fruits et légumes par jour ! En revanche, de grands pays très peuplés, comme l'Inde, la Chine ou le Brésil, modifient très rapidement leurs comportements alimentaires traditionnels.

L'organisme humain a donc un besoin énergétique pour fonctionner. Sans activité particulière, au repos, on l'estime en moyenne à 1 670 kilocalories par jour (kcal/j) chez l'homme de 65 kilos et à 1 350 kcal/j chez la femme de 55 kilos(13)(94). Comme sous-produit de son activité métabolique, l'homme perd une partie de cette énergie sous forme de chaleur, en gros l'équivalent d'une lampe de 80 watts, ce qui l'oblige à s'alimenter régulièrement. Mais personne ne peut vivre normalement de façon léthargique : l'homme du XXIe siècle, pour l'accomplissement de ses tâches, est très consommateur d'énergie. Il doit s'alimenter bien au-delà de ce que requiert son besoin physiologique au repos. Pour vivre tout modestement, chaque individu a besoin de 2 500 kcal/j. C'est le seuil moyen de sous-nutrition. Dans les années 1950, la moitié de l'humanité n'avait pas accès à ce minimum, contre 15 à 20 % aujourd'hui.

En fait, la variabilité des besoins physiologiques d'un individu à l'autre est importante, tout comme leurs activités respectives sont hétérogènes, entraînant des régimes alimentaires extrêmement variés selon l'âge, les coutumes, les rites religieux. De plus, l'accès à la nourriture est, dans tous les pays, inégalitaire ; les disparités sont nombreuses, si bien qu'un pays ne peut prétendre à une véritable sécurité alimentaire pour ses habitants qu'en majorant de 20 à 30 % le seuil moyen de sous-nutrition : il lui faut prévoir les 3000 kcal/j/habitant.

Les nutriments énergétiques sont les glucides, les protides (dont les protéines) et les lipides (les matières grasses). Ils n'ont pas la même valeur nutritive. Tout ce que nous mangeons, souvent constitué de molécules complexes, est décomposé par la digestion pour alimenter sous sa forme la plus simple les cellules de notre corps : ce sont les sucres simples pour les glucides, les acides aminés pour les protéines et, les acides gras pour les lipides. Dans les faits, l'apport en glucides, constituant essentiel des céréales, représente une part importante de l'alimentation de l'homme moderne. Leur pouvoir énergétique est proche de celui des protides, mais les protéines, notamment, n'ont pas la même qualité nutritive. Celle-ci est définie comme une aptitude à favoriser la croissance et elle décroît selon qu'on mange du poisson, de l'œuf, des viandes et du lait, des oléagineux, des légumineuses ou des céréales. À titre d'exemple, la qualité nutritive des protéines des légumineuses est moitié moindre de celles contenues dans le poisson. Le besoin journalier recommandé en protéines de haute qualité est voisin de 40 à 70 g/j[(13)]. Bien des peuples pourvoient à leurs besoins en protéines en s'alimentant d'insectes ou de leurs larves. Enfin les lipides ont un pouvoir énergétique plus de deux fois supérieur à celui des glucides ou des protides, et sont tout aussi indispensables à la vie de la cellule. Bien d'autres nutriments le sont aussi comme les vitamines, les oligo-éléments… mais ils ne fournissent pas d'énergie à proprement parler.

C'est vraisemblablement par approches successives que nos ancêtres néolithiques ont dû discerner inconsciemment les valeurs nutritives que leur offraient les végétaux et les animaux de leur environnement. Aujourd'hui, l'héritage des différents foyers où l'agriculture a pris naissance, et d'où elle s'est diffusée, est encore présent, mais se dilue de plus en plus dans la mondialisation des échanges commerciaux, les migrations de population, les interactions culturelles.

Vers la fin du XXe siècle, la population du globe pouvait se répartir très grossièrement selon six types alimentaires[(13)(82)]. Celui de l'Asie, pour 3 milliards d'humains, à base de riz ; celui de l'Amérique latine, environ 700 millions de personnes dont l'alimentation reposait sur le maïs et les haricots ; celui à base le blé, pour plus de 600 millions d'hommes vivant dans les régions méditerranéennes et en Asie centrale ;

celui des 100 à 150 millions d'Africains dont la base nutritionnelle est faite de mil et de sorgho ; celui de l'Amérique du Sud, de la Nouvelle-Guinée et de l'Afrique centré sur les tubercules et les racines (manioc, igname, taro, patate douce...) nourrissant près de 400 millions de personnes ; et enfin celui des pays industrialisés qui avec environ 1 100 millions de personnes bénéficiaient d'un régime à base de lait, de viande et de blé.

Ces deux dernières décennies, le développement économique fulgurant de plusieurs pays ou régions (Chine, Inde, Brésil, pays du Maghreb...) est en train d'effacer cette répartition héritée de nos ancêtres. Les populations se mettent à consommer plus de viande et de laitages, leurs régimes s'enrichissent en même temps, qu'en moyenne (bien que des inégalités subsistent au sein de chaque nation) elles s'habituent à deux vrais repas par jour. Même si, en marge de cette amélioration nutritive, bien des pays restent démunis, allant jusqu'à connaître encore des famines, la tendance à la croissance de l'apport alimentaire moyen est une réalité. Pour comprendre comment l'agriculture est en train d'évoluer, il faut désormais tenir compte de l'élargissement de la superficie des terres arables, des rendements à l'hectare, de l'augmentation des cheptels bovins, ovins, aviaires, de la multiplication des fermes aquacoles, de la dépense en eau douce, de la mécanisation et de l'équipement des agricultures et leur corollaire l'augmentation de la consommation d'énergie, qui ne sont plus l'apanage de quelques nations privilégiées...

Le monde connaît un bouleversement agricole nouveau en interaction étroite avec tout ce qui l'entoure : l'industrie, l'urbanisation, la société. L'agriculture ne se limite pas à nourrir les hommes, oubliant le soubassement archaïque qui lui a donné naissance, la terre argileuse. Une agriculture qui ne tiendrait pas compte de tout ce qu'elle peut dégrader et de tout ce qui limite son expansion, conduirait rapidement à une impasse : elle n'aurait plus suffisamment de terres fertiles pour les besoins du monde. C'est pourquoi, de nombreux responsables se demandent si l'on pourra alimenter de façon équilibrée et durable la population mondiale qui se profile dans les prochaines décennies. Cette question suscite par elle-même l'inquiétude.

PRODUIT-ON ASSEZ D'ÉNERGIE ALIMENTAIRE ?

La production et la consommation alimentaires peuvent être abordées en termes énergétiques. Cela permet de fixer quelques ordres de grandeur des besoins en nourriture, à condition qu'on n'en abuse pas pour leur faire dire plus qu'ils ne peuvent dans des corrélations ou des rapports en tout genre. Par exemple, additionner les kilocalories fournies par la production mondiale et diviser le chiffre obtenu par le nombre d'habitants pour prouver qu'on pourrait rassasier le double de la population mondiale actuelle est simpliste. C'est donner un faux espoir à travers un raisonnement virtuel, logique et linéaire ; c'est-à-dire tout ce que l'évolution de notre humanité n'est pas. Des économistes qui ont pignon sur rue s'y sont hélas essayés avec force conviction.

Depuis le début des années 1960, la production calorique par hectare cultivé a été multipliée par plus de 2 ; presque autant que la population mondiale. Cette augmentation de la production alimentaire est à corréler avec l'extension des superficies cultivées, avec la croissance des rendements des récoltes et la multiplication annuelle de celles-ci.

L'accroissement régulier de l'énergie alimentaire par unité de surface cultivée conduit de nos jours à produire « au champ », c'est-à-dire lors de la récolte, environ 33 500 milliards de kilocalories par jour. La part consommée en moyenne par les hommes n'est que 19 500 milliards de kilocalories par jour, soient 58 % de la production[(2)]. Où passe donc ce que l'homme n'ingurgite pas ?

On estime à 3 % la part des grains récoltés qui vont servir de semences pour les prochaines récoltes. Une fraction importante (autour de 20 %) des récoltes, dont une grande partie des céréales et des tourteaux d'oléagineux, est employée à nourrir le bétail. Le reste entre pour 5 % dans la valorisation agricole non alimentaire (fabrication de biocarburants et d'autres produits industriels tels que les savons, les cosmétiques...) et surtout dans les pertes « du champ à l'assiette », c'est-à-dire entre le produit de la récolte et ce qu'on mange. Ces dernières comptent pour 20 à 30 % selon les techniques de récolte employées et le climat de la région cultivée ; voire, dans certaines zones, elles peuvent atteindre la moitié de la récolte. Bien sûr, la part relative de la production non utilisée par l'homme, varie selon les régions du monde mais, de façon générale, la part destinée aux animaux tend à s'accroître.

Pour 88 %, les calories alimentaires proviennent de la production végétale. À la fin du XXe siècle, la base de la consommation alimentaire était constituée de céréales. La somme globale d'énergie apportée par les récoltes vivrières à cette époque se répartissait entre les céréales pour 62 %, les oléagineux pour 14 %, les produits sucriers (canne, betterave) pour 13 %, les fruits, légumes et légumineuses pour 7 % et les tubercules et les racines pour 4 %. Là aussi, de fortes disparités apparaissaient entre les pays et à l'intérieur de chaque pays. Par exemple les céréales, en termes d'énergie nutritive, représentent l'essentiel des repas dans les pays en développement, et seulement de l'ordre de 30 à 40 % dans les pays fortement industrialisés.

La valeur énergétique de la production alimentaire ne tient compte ni du coût des combustibles fossiles utilisés, ni de la quantité d'eau douce utilisée, ni de la déforestation qu'elle implique, ni de l'impact des engrais ou des pesticides sur la qualité des sols, des nappes souterraines, de l'air, ni du changement de la biodiversité, ni de la modification du régime des pluies et du bilan radiatif global, ni de la qualité de la valeur nutritive de la nourriture. Autant de paramètres que nous avons déjà passés en revue, mis à part le dernier, et dont va dépendre la production agricole mondiale des prochaines décennies. Car la production alimentaire future doit tenir compte de l'épuisement des ressources qu'elle induit.

Une part importante de l'énergie alimentaire est donc gaspillée, perdue, sans considérer le gâchis du consommateur lui-même dans la préparation des plats et surtout dans les déchets des repas. Nous avions évoqué plus haut qu'il en était de même pour l'eau d'irrigation des cultures. Deux types de gaspillages qu'il faut garder à l'esprit lorsqu'on envisagera les solutions possibles.

Puisque nous en sommes à considérer les pertes, les plus dévastatrices pour l'alimentation humaine restent celles qui se produisent avant la récolte. Insectes, ravageurs, maladies cryptogamiques et autres parasites, adventices (mauvaises herbes) sont responsables de 20 à 40 % de pertes entre l'emblavage et la récolte. C'est la raison pour laquelle l'emploi d'herbicides et d'insecticides est systématique.

PRODUITS COMMERCIALISÉS ET ALÉAS CLIMATIQUES

En moins d'un demi-siècle, le commerce mondial de marchandises alimentaires a progressé d'un facteur 5. Aujourd'hui 11 % de la nourriture produite est sur le marché, 89 % servent l'alimentation domestique. Il est intéressant de voir à quoi ces 11 % correspondent en termes de calories alimentaires et en termes d'équivalent-eau.

En matière de calories alimentaires, ce ne sont pas moins de 20 % de la part moyenne consommée par les humains[(2)] pour la bonne raison que ces calories commercialisées proviennent à plus de 90 % de végétaux riches en glucides, énergétiques.

En équivalent-eau, nous avions noté que ces échanges de produits équivalaient à 13 % du volume d'eau douce utilisée chaque année par l'agriculture. Avec de tels pourcentages, il devient clair que la nutrition d'une fraction de l'humanité dépend étroitement du commerce d'énergie alimentaire.

Les variations climatiques saisonnières locales, ou régionales, restent imprévisibles quant à leur durée, leur intensité et souvent leur localisation. D'une année à l'autre, les caprices météorologiques peuvent entraîner de mauvaises récoltes avec des répercussions mondiales sur le prix des produits agricoles commercialisés, rendant inaccessibles des denrées de base à une fraction importante des populations démunies. Deux exemples qui concernent les déboires climatiques survenus à deux grands pays producteurs de céréales. Aux États-Unis en 1983, les conditions météorologiques défavorables furent la cause de la perte de la moitié de la production de maïs, alors que ce pays assurait plus de 45 % de la production mondiale. La chute de la production eut des répercussions désastreuses sur le marché et les échanges internationaux. En Russie occidentale, la première moitié de l'été 2010 fut torride et longue ; outre les incendies qui ravagèrent une partie du pays, les récoltes de blé furent compromises pour ce pays, troisième fournisseur mondial. L'incidence sur les prix du blé fut immédiate, dès que le gouvernement russe suspendit toute exportation.

Ces deux exemples montrent que les variations climatiques annuelles sont désastreuses pour l'alimentation mondiale. Le réchauffement du climat à long terme n'intéresse pas le paysan, c'est la réalité des perturbations annuelles qui compte pour lui comme pour le consommateur ! Si de telles conditions météorologiques devaient se reproduire deux ou trois années consécutives, elles joueraient sur les récoltes. Les retombées sur le marché mondial seraient immédiates avec une forte hausse des prix des denrées alimentaires. Tout le monde en pâtirait : l'apport nutritif aux populations démunies deviendrait insuffisant et les sociétés des pays industrialisés verraient leur pouvoir d'achat s'affaiblir. Pour éviter un tel scénario, les nations devraient prévoir des stocks de denrées alimentaires, notamment de céréales, bien plus importants que ceux qu'elles ont l'habitude de constituer.

La rareté des marchandises alimentaires ne manque pas d'aiguiser les spéculations qui aggravent la détresse des affamés.

Le rapport « Agrimonde[(2)] » note que la plupart des grandes régions agricoles trouvent leur compte dans le commerce international, sauf l'Afrique subsaharienne. Les pays de l'OCDE sont à la fois de grands consommateurs et de grands exportateurs de calories alimentaires. L'Amérique latine a su conforter sa position d'exportatrice de produits sucriers et oléagineux tout en augmentant la disponibilité énergétique alimentaire moyenne offerte à ses habitants. L'Asie, qui a plus que doublé sa population en moins de cinquante ans, trouve aujourd'hui un équilibre entre ses exportations et ses importations, avec un niveau de nutrition de ses habitants en constante amélioration. L'Afrique du Nord et le Moyen-Orient ont des recettes d'exportation suffisantes pour accroître sans cesse leurs importations et leurs consommations de calories alimentaires, y compris pour conduire l'expansion de leur cheptel. À l'inverse, en Afrique subsaharienne, les productions locales et les quantités nettes importées, n'ont pas été suffisamment élevées pour suivre la croissance démographique et la disponibilité calorique *per capita* demeure la plus basse du monde[(2)].

LE NOUVEAU CONSOMMATEUR

L'homme se nourrit pour l'essentiel de produits dérivés de végétaux. Il ne consomme en moyenne que 12 % d'aliments d'origine animale (11 % d'origine terrestre et 1 % d'origine aquatique).

La production animale mobilise une fraction importante des surfaces des terres cultivées (11 %, soit environ 175 millions d'hectares) à laquelle s'ajoutent les pâtures et les prairies (environ 3 500 millions d'hectares). Mais ces terres offrent une grande variabilité de rendements à l'hectare, selon la zone climatique où elles se situent. Ainsi, un hectare de savane africaine produit cent fois moins de viande qu'un hectare de prairie anglaise[13]. Ce qui expliquerait probablement certaines coutumes ou usages culturels culinaires à l'origine de la grande disparité de l'apport énergétique par habitant en produits animaliers entre pays industrialisés et pays en voie de développement. La ration alimentaire africaine journalière moyenne en produits animaliers par habitant n'y est que de l'ordre de 250 kcal, quatre fois moins que dans les pays industrialisés.

Depuis cinquante ans, la production de viande a considérablement augmenté, bien plus vite que la démographie, au point de se demander tout à la fois si les terres de culture dédiées à l'élevage seront suffisantes, et si les conséquences environnementales pourront être contenues (résidus polluant les nappes superficielles, l'air *via* l'émission de méthane et d'oxydes nitreux...). L'essentiel des calories d'origine animale fournies à l'homme provient des produits bovins, porcins et volailles. Dans les années 1980-1990, cette ration alimentaire était, en moyenne mondiale, de 400 kcal/j/personne, avec les distorsions qu'on sait entre pays pauvres et pays riches. Dans cette ration[13], la production bovine occupait 53 % de l'apport calorique, la porcine 28 %, la production de volailles 14 %, l'ovine et la caprine 4 %, et tous les autres 1 %. Mais au cours des deux dernières décennies, l'augmentation de la consommation de viande est due à l'accroissement spectaculaire de celle des porcs et des poulets, en sachant qu'un porc fournit environ 80 % de viande contre 45 % pour une volaille qui procure 40 % de son apport calorique par les œufs. Chez les bovins, l'apport nutritif sous forme de viande ne représente qu'environ 30 %, alors que le lait et ses dérivés se taillent la part belle avec 66 %. Les ovins en revanche sont utilisés à 60 % pour leur viande et à 25 % pour les produits laitiers.

Le rendement énergétique attendu de la production animale, pour l'alimentation des hommes tient compte désormais des dépenses effectuées pour nourrir les bêtes, et en moyens, technologies employées pour intensifier la production (biotechnologies, promoteurs de croissance...). Par exemple, l'intensification de la production laitière nécessite de nourrir les vaches avec des aliments à haute teneur en protéines. Jusqu'à des périodes récentes, personne ne se préoccupait vraiment de leur coût réel, c'est-à-dire qui intègre le prix des dégradations causées aux ressources naturelles. Notamment dans le cas des animaux, les effets fâcheux induits sur les nappes, le sol et l'air, par les déchets et résidus d'élevage, sans que ceux-ci puissent être utilisés dans le cycle de production. Par exemple, la pollution des sols et des nappes par les nitrates issus des lisiers de porc et l'augmentation des gaz de fermentation digestive chez les ruminants (bovins essentiellement) qui sont des gaz à effet de serre. Ce dernier point a souvent fait sourire plus d'un lorsqu'on l'évoque, et pourtant, à considérer le cheptel mondial, ce ne sont pas moins de 160 millions de tonnes de méthane (CH^4) par an qui sont libérées dans l'atmosphère. Le méthane est un puissant gaz à effet de serre, environ 30 fois plus efficace que le gaz carbonique (CO^2), et dont le temps de résidence dans l'air est de dix ans avant de se transformer en... CO^2.

Comme pour les cultures vivrières servant à nourrir les hommes, il faudrait considérer combien un hectare de sol cultivé ou pâturé peut supporter d'animaux producteurs pour les nourrir et pour que leurs déchets soient absorbés par l'écosystème sans en perturber l'équilibre. Les chiffres avancés sont de deux vaches laitières, ou seize porcs, ou cent trente poules[(100)]. La réalité, telle qu'on l'observe dans nos campagnes, semble ignorer ces données ! Là où les terres arables sont comptées, les animaux sont tellement concentrés qu'une pollution des terres est inéluctable. C'est le cas des Pays-Bas qui importent une grande partie des ressources alimentaires animales et destinent les terres à la pratique d'un élevage intensif.

Pour les cultures dont hommes et animaux ont besoin, il faut des surfaces arables. Vouloir nourrir la population mondiale à la mode européenne ou nord-américaine du début du XXIe siècle serait pure folie, à moins de mettre la planète à sac en écoutant certains experts qui avancent la possibilité de mise en culture de près de 3 milliards d'hectares supplémentaires ! Que deviendront nos forêts, la biodiversité, la fertilité des sols ? Car, même en comptant sur la pluie pour arroser ces surfaces, il faudra multiplier massivement les intrants chimiques et les dépenses énergétiques. La peau de notre planète ne supporterait pas un tel excès ! Et dire que de telles opérations portent le nom de révolution verte ou plus hypocritement le nom de révolution doublement verte pour bien montrer le souci constant d'un total respect de l'écosystème ! Soyons lucides : il n'y a d'agriculture durable qu'écologique.

Si les surfaces cultivables ont pu s'accroître de plus de 10 % dans les dernières décennies du XXe siècle, les rendements ont commencé à se stabiliser depuis quinze ans, voire, dans certaines régions du monde, à diminuer. Une étude récente de l'Université du Montana signale même un recul de 1 % des cultures mondiales pendant cette période[(66)]. Les causes sont essentiellement une dégradation de notre environnement : perte de fertilité des sols, diminution de la biodiversité, prise en compte des implications climatiques. Le lien entre le sol, les plantes et les espèces animales est une réalité incontournable. Appauvrir la terre conduit à diminuer la diversité végétale, qui elle-même déstructure directement la vie des herbivores et des insectes phytophages. Et épuiser la diversité biologique, c'est à coup sûr réduire la productivité. R. Barbault cite une étude européenne qu'il est bon de rappeler ici[(8)]. La moitié des terres agricoles européennes, soit 60 millions d'hectares, est constituée de prairies... La productivité des plantes diminue avec la réduction du nombre d'espèces qui les composent : réduire de moitié le nombre d'espèces entraîne une baisse de productivité d'environ quatre-vingts grammes par mètre carré. Les récoltes ont de plus grands rendements lorsque les communautés végétales sont constituées de plantes différentes. Par exemple sur les trois groupes choisis : graminées, légumineuses fixatrices d'azote et dicotylédones herbacées, la suppression d'un seul groupe engendre une diminution de productivité d'environ cent grammes par mètre carré. Cette étude a été menée sur plusieurs prairies européennes, en Irlande, en Angleterre, en Suède, en Allemagne, en Suisse, au Portugal, en Grèce, ce qui lui donne une certaine valeur à l'échelle du continent. Les espèces végétales naturellement les plus productives étant également les meilleures compétitrices entre elles, les parcelles les plus riches sont aussi les plus productives. Quant aux plantes cultivées, on sait depuis longtemps que l'extension sur de grandes surfaces des monocultures dominées par une même variété présente, par son uniformité génétique, une plus grande vulnérabilité aux épidémies et aux ravageurs. Là encore, R. Barbault[8] nous rappelle qu'en été 1970, une maladie cryptogamique, l'helminthosporiose, envahit les plantations nord-américaines de maïs au rythme de 80 kilomètres par jour. Les plantes qui possédaient le caractère génétique « Texas » furent décimées. La maladie fut enrayée par l'utilisation de gènes de résistance à ce parasite. Qui a dit que la transgenèse n'était pas un progrès ?

UNE SOIF D'ÉNERGIE PAS PRÈS DE S'ÉTANCHER

L'interpénétration entre alimentation des hommes et dépense d'énergie est telle, qu'une simple grève de la distribution de carburant assèche le renouvellement des stocks des épiceries, des boulangeries, des marchands de légumes, des supermarchés. Et, plus en amont, cela empêche le monde agricole de fonctionner. En temps normal, l'énergie dépensée pour élever les bêtes, labourer, semer, récolter, transporter, transformer détermine le prix des denrées alimentaires. L'agriculture est très dépensière en énergie : quatre fois plus que le secteur industriel a-t-on déjà noté. Et, tant qu'une variabilité climatique ne vient pas perturber la production, que le coût de l'eau reste insignifiant et que celui de l'appauvrissement de la terre n'est pas pris en compte, les prix alimentaires seront étroitement liés à ceux des carburants.

Comme de nombreux pays industrialisés, la France qui compte moins de 1 % de la population mondiale et détient 0,8 % du potentiel de sols cultivables planétaires a, au cours des quarante dernières années, triplé sa consommation d'énergie, évaluée à 250 millions de tonnes équivalent-pétrole. La première décennie de ce siècle, avec l'émergence de grands pays, le Brésil, la Russie, l'Inde, la Chine, l'Afrique du Sud, le Mexique..., voit les consommations mondiales s'envoler et les prix suivre. D'ici trente ou quarante ans la consommation mondiale d'énergie devrait plus que doubler et passer de 10 milliards de tonnes équivalent-pétrole (10 Gtep) à 25 milliards de tep (25 Gtep), avec bien sûr un accroissement de son coût à la hauteur de celui de la demande. À titre d'exemple la production d'électricité augmente à des rythmes record en Chine (10 % par an) et en Inde (6 % par an), essentiellement moyennant la construction de nouvelles centrales à charbon. À eux deux, ces pays installent tous les deux ans une capacité de production équivalente à celle de la France en un an(62).

Aujourd'hui les sociétés industrialisées prennent conscience de la pénurie à venir des combustibles fossiles ou tout au moins de la nécessité d'exploiter des gisements de plus en plus profonds et des ressources à teneur en huiles carbonées réduites. Le coût des carburants fossiles devenant important, les pays tournent leur regard vers les plantes cultivées susceptibles d'être transformées en combustibles. On les appelle les « biocarburants » ou « agro-carburants ».

Pourquoi utilise-t-on des cultures à de telles fins ? Est-ce justifié, alors que les denrées alimentaires semblent si précieuses pour assurer la sécurité alimentaire d'une population mondiale grandissante ? Pour comprendre les nécessités énergétiques des pays et leur engouement pour les biocarburants, essayons de cerner comment se sont formés les combustibles fossiles et comment les plantes vivantes peuvent s'y substituer.

PÉTROLE, GAZ ET CHARBON, VIEUX COMME LE MONDE

Le gros de la production énergétique mondiale repose actuellement sur les combustibles fossiles, pétrole, gaz et charbon. La répartition géographique de leurs gisements est aléatoire. Ces derniers résultent de l'enfouissement sédimentaire et de la maturation en profondeur, au cours de l'histoire géologique de notre planète, de matière organique végétale morte des continents (végétaux supérieurs comme les arbres) pour les charbons, et de matière organique marine morte (algues, micro-algues, plancton, nanoplancton) pour le pétrole et le gaz. La nature étant très complexe, tous les intermédiaires existent entre ces trois types de combustibles fossiles. La différence essentielle entre gisements de charbon d'un côté et gisements de pétrole et de gaz de l'autre, c'est que les premiers sont des roches solides qui ont évolué sur place, à l'endroit de leur dépôt, alors que les seconds sont des roches fluides ou gazeuses qui ont migré au cours de leur maturation de l'endroit de leur dépôt d'origine (appelé « roche mère ») jusqu'à d'autres roches poreuses où elles ont été définitivement piégées.

Qu'il s'agisse de charbons ou d'hydrocarbures, ces roches ont mis des dizaines de millions d'années à se former.

Leur exploitation par l'homme remonte à plus de 2 000 ans pour le charbon et plusieurs millénaires pour les hydrocarbures. La Bible fait référence à des lacs d'asphalte, et on l'utilisait en Égypte ancienne pour imperméabiliser. Le naphte est un produit pétrolier qui servait à s'éclairer dont l'usage remonterait à la Mésopotamie où le mot « napata » signifiait « flamber ».

Depuis longtemps, on sait que le pouvoir énergétique du pétrole est supérieur à celui du charbon. En moyenne on estime qu'une tonne de charbon est un tiers de fois moins énergétique qu'une tonne de pétrole. Et pourtant, si le charbon est venu le premier remplacer l'usage du bois, c'est tout simplement parce qu'il était plus facile à exploiter et à transporter. Si bien qu'à la fin du XIXe siècle, le charbon était la référence du développement économique des nations industrialisées et de leurs colonies. Il constituait 60 % des ressources énergétiques contre 2 % pour le pétrole et 1 % pour le gaz ; le reste était fourni par l'utilisation du bois et de l'eau. Au XVIIIe siècle, des puits de récupération du pétrole furent creusés jusqu'à 50 mètres de profondeur. Les premières « distilleries » suivirent de peu, remplacées au début du XIXe siècle par les premières raffineries qui permirent de séparer les différents composants de l'huile extraite du sous-sol géologique (huiles lourdes et légères, produits volatils...) et d'inventer la lampe à kérosène qui avait une flamme plus intense et dégageait moins de fumée que ne le faisaient les lampes à huile de baleine ou au pétrole brut. Les produits les plus volatils, les éthers et l'essence, n'étaient pas utiles à l'éclairage et, considérés comme dangereux on les déversait dans la nature. Mais les techniques d'extraction restaient encore onéreuses et le transport des hydrocarbures inadapté. Le pétrole connut le succès dès la fin du XIXe siècle avec l'avènement du moteur à explosion qui permit d'utiliser l'essence. Il devient à partir de ce moment, par sa capacité énergétique supérieure, un concurrent sérieux du charbon puis après la

Seconde Guerre mondiale, avec la découverte d'immenses gisements, la ressource énergétique majeure.

Si l'utilisation grandissante des combustibles fossiles a accompagné depuis la fin du XIXe siècle le développement industriel de l'Occident, il a eu aussi un grand effet sur la modernisation et la production de l'agriculture.

ET L'AGRICULTURE CHANGE DE VISAGE

L'agriculture occidentale change de visage avec l'avènement de l'utilisation routinière des combustibles fossiles et de leurs produits chimiques dérivés, les engrais chimiques, les pesticides, les plastiques. La motorisation permet d'augmenter considérablement les superficies cultivées et les rendements par unité de surface. En un demi-siècle, la surface maximale de terre travaillée par paysan est multipliée par 20 (elle passe de 10 à 200 hectares). En même temps le rendement en céréales à l'hectare est multiplié par cinq, toute cette production pouvant être désormais transportée et redistribuée par voie terrestre ou maritime. La pétrochimie permet aussi l'amélioration des principaux axes d'échange dont elle goudronne les voies. Les régions agricoles les plus éloignées sont désenclavées par les transports. Elles sont approvisionnées par toutes sortes de biens de consommation, de fournitures, d'outils. Les exploitations agricoles peuvent se moderniser et se spécialiser dans telle ou telle grande culture. Les denrées alimentaires affluent massivement sur les marchés et les prix baissent[(74)].

C'est la grande époque de la modernisation de l'agriculture, avec un coût en carburant si dérisoire que l'euphorie du moment masque le risque à venir : énergie pétrolière et agriculture sont désormais mariées pour le meilleur, mais aussi pour le pire. Une agriculture paysanne gouvernée par les prix se fait jour. Efficace tant que les carburants sont abondants et peu chers.

Avec le bouleversement des politiques pétrolières et la mondialisation, les déséquilibres des marchés et les fluctuations des prix apparaissent et conduisent à des revers pour l'agriculture paysanne, voire à la ruine de nombreuses exploitations. Et personne n'est à l'abri dans les pays occidentaux de grande production agricole.

Aujourd'hui encore, les hydrocarbures restent une ressource majeure dont les transports sont particulièrement friands : avec un prix du baril (159 litres) de pétrole brut qui a largement dépassé les 60 dollars, il est exploité de plus en plus profondément au large du plateau continental (« off-shore ») sous des tranches d'eau de mer de plus de 3 000 mètres avec tous les risques que de telles exploitations font peser sur l'environnement marin. À ce prix, les champs pétrolifères dont on n'avait exploité que le tiers des hydrocarbures, le plus facile à extraire, sont repris avec de nouvelles techniques. Et bien que, depuis les années 1960, le rythme de découvertes de nouveaux gisements ait considérablement décru, il ne faut se faire aucune illusion, les hydrocarbures ont encore de beaux jours, car ils seront exploités jusqu'à la dernière goutte, même à des prix exorbitants pour le consommateur. Ils représentent une source énergétique difficilement remplaçable. Au rythme de l'exploitation actuelle, on estime que le pétrole a encore soixante-dix ans d'existence. Les réserves de gaz, mais surtout de charbon, sont encore conséquentes et laissent présager un usage sans état d'âme par les pays qui possèdent des gisements : la Chine et l'Inde a elles deux possèdent 30 % des réserves de charbon.

Une double prise de conscience a émergé depuis une quinzaine d'années dans les pays industrialisés, celle de la dépendance énergétique et celle du réchauffement climatique. La France, si elle ne fait rien et maintient sa dépense énergétique dans la tendance actuelle, sera dépendante à 90 % pour ses combustibles fossiles dès 2030. Les regards se tournent à nouveau vers la recherche scientifique et technologique, afin qu'elle trouve des substituts et des sources d'économies énergétiques. Parmi tous les espoirs d'énergies nouvelles se trouvent les biocarburants. Il reste suffisamment de temps pour que leur fabrication industrielle, les réseaux de distribution, et la mise au point des moteurs puissent être réalisés.

Les pays pauvres subissent, plus que d'autres, le poids des factures pétrolières. Ils souhaitent pour s'en soulager, comme le fit le Brésil en son temps, développer une filière énergétique alternative à partir de la biomasse. Plusieurs nations africaines et asiatiques sont dans ce cas. D'autres y voient un nouvel Eldorado économique grâce aux débouchés offerts par les pays occidentaux.

Mais les biocarburants peuvent-ils s'imposer comme succédané du pétrole ? Quelle part faudrait-il leur faire ? Leur production est-elle sans danger pour l'écosystème et l'agriculteur ?

LA TENTATION ÉNERGÉTIQUE

Le raisonnement est simple... au départ. Ce que la nature a pu faire des végétaux en les transformant en combustibles fossiles, au cours de plusieurs dizaines de millions d'années, les technologies humaines ne peuvent-elles pas le faire en quelques jours ou semaines ? La réponse est bien sûr « oui », et ces produits obtenus sont des biocarburants.

Faire fonctionner les moteurs aux biocarburants est une vieille idée qui remonte à la fin du XIXe siècle et qui fut expérimentée au tout début du XXe. Le moteur Diesel, du nom de son inventeur allemand Rudolf Diesel, fut mis au point à partir d'huile d'arachide. Avec le coût dérisoire du pétrole et l'extraordinaire développement de l'industrie pétrolière, la recherche sur les biocarburants fut abandonnée, jusqu'à ce que les crises pétrolières des années 1970 et la hausse du prix du baril de pétrole relancent l'intérêt pour cette technologie.

Les pays qui sont, pour leur approvisionnement en pétrole, dépendants d'autres pays, peuvent pallier, en partie, cette ressource énergétique en produisant leurs biocarburants et en adaptant technologiquement les moteurs qui les utiliseront. Cela représente un double avantage pour leur économie. Le Brésil en offre un bon exemple. Depuis la crise de 1929, ce pays travaillait sur le procédé de fabrication de carburant biologique pour équilibrer une balance commerciale compromise par les importations. Avec les crises pétrolières des années 1970, la production de biocarburants s'est généralisée, moyennant la mise en place d'une infrastructure remarquable, avec des plantations de canne à sucre, des usines de fabrication, des réseaux de distribution. Aujourd'hui, avec plus de 180 millions d'hectolitres de biocarburant, le Brésil est de loin le premier producteur mondial. Son industrie automobile a connu un développement insigne, produisant à ce jour des véhicules pouvant indifféremment fonctionner à l'essence ou au biocarburant.

Deux biocarburants sont actuellement produits industriellement : les esters (composés organiques) issus d'huiles végétales, et l'éthanol (alcool) issu des glucides (sucres) végétaux tels que le saccharose, l'amidon et la cellulose, tous trois produits par photosynthèse.

Les esters d'huiles végétales sont obtenus à partir de graines d'oléagineux, colza, tournesol, soja et palmier à huile. Ces extraits huileux ne peuvent pas être utilisés directement, ils doivent être transformés avec du méthanol, un alcool obtenu à partir du bois d'arbre à croissance rapide comme l'eucalyptus, ou à partir de paille, de coque d'arachide, etc. Le produit est un biodiésel appelé par les spécialistes EMHV (ester méthylique d'huile végétale).

L'éthanol est directement issu de la distillation de végétaux riches en sucres comme la canne à sucre, la betterave sucrière, le maïs, l'orge, le blé... Des pays, comme le Brésil ou les États-Unis l'utilisent directement ou mélangé à l'essence. En Europe, il n'a pas été employé pur, mais sous forme ETBE (éthyl tertio butyl éther). Depuis 1998, l'Europe autorise les mélanges à la pompe sans aucune indication publique.

Les programmes d'études foisonnent dans tous les pays, aussi bien pour leur fabrication que pour la mise au point des moteurs. Intéressons-nous aux différentes plantes utilisées pour les fabriquer.

LA MATIÈRE PREMIÈRE VÉGÉTALE ET SES RENDEMENTS

Aujourd'hui, seules les graines des plantes sont utilisées pour la fabrication de biocarburants dits « de première génération ». Et chaque plante n'a pas le même rendement énergétique à l'hectare. Le tournesol produit en moyenne 900 litres d'équivalent-pétrole à l'hectare (900 l/ha) ou en gros 0,9 tonne équivalent-pétrole par hectare (tep/ha) ; le colza 1 200 l/ha ; le blé 1 700 l/ha ; le maïs entre 1 300 et 2 000 l/ha ; la betterave entre 2 000 et 3 000 l/ha ; la canne à sucre 6 800 l/ha... Chiffres éloquents, montrant qu'il faudrait utiliser la canne à sucre qui, en plus, peut se contenter de sols dégradés, et consomme le moins d'eau douce (140 litres pour un kilogramme produit). Hélas, elle ne pousse pas sous tous les climats.

Les recherches sont activement menées dans de nombreux pays pour augmenter le rendement en équivalent-pétrole à l'hectare. Peu de solutions existent : ou bien on trouve la plante rare au rendement miraculeux, et là, il y a peu d'espoir, ou bien on utilise la totalité du végétal et non plus qu'une partie des fruits ou des graines. Cette seconde voie est celle qu'ont abordée la plupart des pays qui se destinent à la production de carburants d'origine végétale. Ces biocarburants sont dits de deuxième génération et ils permettraient de multiplier par un facteur allant de 3 à 5 la productivité à l'hectare.

Les biocarburants sont-ils la solution énergétique d'avenir en tant que carburants liquides ? Une sorte de filon d'or vert ? Rien n'est moins sûr. Voyons pourquoi.

LA POUSSIÈRE SOUS LE TAPIS

Pour convaincre qu'une innovation technologique doit être employée sans tarder, il faut éviter d'évoquer ses désagréments ou tout au moins les minimiser. C'est-à-dire qu'il faut glisser la poussière sous le tapis pendant une ou deux décennies. Le procédé est bien connu des ingénieurs ou des politiques soucieux de résoudre le problème posé à court terme. Il ne correspond pas à la démarche du scientifique.

Pour justifier l'utilisation des biocarburants quatre arguments sont avancés : la fin annoncée du pétrole, l'indépendance énergétique des pays, la réduction substantielle d'émission de CO^2, une opportunité pour relancer l'activité des paysans.

L'approche du « peak oil » (moment où la consommation en pétrole dépassera le volume produit) est sans cesse agitée (et reculée !). Corollairement, l'augmentation du prix du baril de pétrole justifie la recherche de sources énergétiques susceptibles d'assurer la transition vers d'autres énergies moins polluantes. Les professionnels du pétrole pensent que le biodiésel devient rentable dès que le baril de brut avoisine les 70 dollars. Les biocarburants seront-ils rentables pour autant ? Pas tant que les États devront détaxer en totalité ou en partie ce carburant, accorder des crédits d'impôts pour l'achat de voitures adaptées, ou aider à financer les usines de transformation des végétaux pour rendre le biocarburant compétitif. En 2005, cette défiscalisation a coûté 200 millions d'euros au budget français. Les avions ne peuvent voler qu'avec du carburant liquide. Et ce mode de transport reste, pour longtemps encore, un moyen indispensable et irremplaçable de se déplacer d'un continent à l'autre.

Raison pour laquelle les biocarburants sont appelés à se développer dans les prochaines décennies.

En 2006, un rapport de la Commission européenne et de deux associations engagées auprès des industriels du pétrole et de l'automobile, cité par l'INRA, évalue l'intérêt des biocarburants notamment en matière de réduction d'émission de gaz à effet de serre. L'éthanol (dont le rendement énergétique par rapport à l'essence est de – 10 %) produit à partir des grains de blé permet une réduction d'environ 30 % de la consommation d'énergie fossile et 22 % d'émission de gaz à effet de serre par rapport à une filière essence conventionnelle. La substitution au gazole du biodiésel de colza réduit d'environ 64 % la consommation d'énergie fossile et de 53 % les émissions des gaz à effet de serre. Le remplacement par des biocarburants de deuxième génération, obtenus à partir de résidus forestiers, agricoles et de déchets de papeterie, porterait ces réductions à près de 90 %. L'éthanol de canne à sucre permet aujourd'hui les plus fortes économies d'énergie fossile avec presque 100 % et une réduction de 85 % de l'émission des gaz à effet de serre, car les besoins énergétiques nécessaires à la conversion du sucre en alcool sont aussi assurés par les résidus de canne(85).

L'engouement pour les biocarburants pousse de nombreux pays tropicaux à exploiter leurs terres arables ou leurs forêts. La demande de bois d'œuvre, de pâte à papier avait permis d'entamer sérieusement les grandes forêts humides, et voilà que la quête d'huile de palme s'en mêle ! Prisée par l'industrie, cette huile végétale entre dans la composition de milliers de produits alimentaires, de savons, de cosmétiques et aujourd'hui les plantations de palmiers à huile permettent d'obtenir un carburant au rendement à l'hectare meilleur que celui du coprah, du colza ou du soja : deux à cinq fois plus ! Et, depuis une quinzaine d'années, les forêts tropicales humides s'effacent à toute allure de la carte de certains pays pour faire d'immenses plantations, souvent illégales, de palmiers à huile. L'Indonésie, la Malaisie et désormais la Papouasie-Nouvelle-Guinée apparaissent comme les principaux pays producteurs d'huile de palme. Pour cela, ils auront sacrifié près de 100 millions d'hectares de forêt primaire[(70)].

L'exemple de ces trois pays laisse supposer que l'impact écologique de l'utilisation des biocarburants, si souvent présenté comme bien meilleur que celui des carburants fossiles, n'est peut-être qu'une fausse idée. Consommer pour les transports des biocarburants plutôt que des combustibles fossiles permet sans aucun doute une réduction de 30 % des émissions de gaz à effet de serre rejetées dans l'air. Mais si l'on prend le temps de raisonner en scientifique et non plus comme un ingénieur, c'est-à-dire si l'on dresse un bilan écologique de chacune des étapes de fabrication des biocarburants et de ce qu'elles impliquent comme les pertes en carbone, en biodiversité, en eau d'irrigation, ou comme le coût de l'utilisation d'engrais et de pesticides, on s'aperçoit que le résultat final ne plaide guère en faveur des biocarburants.

Des études récentes au Brésil, en Asie du Sud-Est, aux États-Unis, montrent que la conversion des terres de forêts tropicales, de savanes, de prairies ou tout simplement de cultures alimentaires, en terres à plantes destinées à la fabrication de biocarburants, entraîne un rejet annuel de gaz carbonique dans l'air de 20 à 400 fois plus important que celui libéré par les carburants fossiles qu'ils devraient remplacer ! Il faudrait des décennies, voire des siècles pour que le bilan carbone retrouve un équilibre en faveur des biocarburants[(37)].

Pour le comprendre, prenons l'exemple des États-Unis qui projettent de produire 56 milliards de litres d'éthanol en 2016 à partir de cultures de maïs, ce qui équivaut à 1/100e de la production pétrolière actuelle par an. Pour atteindre cet objectif, il faut encore convertir environ 13 millions d'hectares de forêts, et de terres à soja et à blé jusqu'alors utilisées à des fins alimentaires. Les conséquences de cette conversion sont multiples. Tout d'abord les prix des denrées alimentaires, selon les modèles proposés, vont connaître sur le marché national américain et sur les échanges mondiaux de fortes perturbations. On devrait voir augmenter le prix du maïs de 40 %, celui du soja de 20 % et celui du blé de 17 %. Dans le même temps, les exportations des États-Unis décli-neraient de 62 % pour le maïs, de 31 % pour le blé, de 28 % pour le soja et, par voie de conséquence, entraîneraient une chute des exportations de viande de porc de 18 % et de 12 % pour celle de poulet. Ensuite, cette conversion des terres produirait une augmentation de 25 à 50 % de gaz carbonique au moins pour les trente années à venir avant que le stock de carbone perdu par les sols de forêt (1 000 tonnes de CO^2 par hectare) ou de prairie (300 tonnes de CO^2) pour y installer des cultures à biocarburant soit compensé par l'utilisation de ceux-ci. Soustraire environ 13 millions d'hectares de bonnes terres fertiles, « alimentaires », reviendrait à retirer 10 % en poids de la production mondiale de grains à des fins de nourriture, 0,9 % en poids de consommation de viande et 0,6 % de produits laitiers, tout cela dans une période où la croissance démographique exigerait une plus grande production de denrées alimentaires[90]. Il faudrait donc que ces 13 millions d'hectares dévolus à la fabrication de biocarburants puissent être compensés par la mise en culture d'autant de terres tout aussi fertiles que ces terres nord-américaines. Dans le cas contraire, ce sont de plus grandes surfaces de sols qu'il faudrait utiliser dans d'autres pays, avec toujours plus de labours, plus d'engrais, plus de pesticides, plus d'irrigation.

Et ces scenarii ne prennent pas en compte les changements importants que connaîtrait la biodiversité ! Ni les incertitudes climatiques qui pourraient survenir brusquement, comme à l'été 2008 aux États-Unis, où les intempéries avaient inondé le grenier céréalier du pays, ou bien comme la sécheresse et les incendies qui ont décimé une partie de la production russe au cours de l'été 2010.

En France, les surfaces cultivées en colza ont dû être multipliées par six pour atteindre la production de biodiésel fixée en 2010 ; somme toute pour économiser quelques millions de tonnes équivalent-pétrole (tep) en regard des presque 93 millions de tonnes de pétrole utilisés notamment pour les transports. Cela semble si dérisoire qu'on peut se demander s'il ne s'agit pas, tout simplement, d'un nouveau soutien à l'agriculture afin d'éviter toute déprise de terres plutôt qu'une alternative énergétique rentable. Les autorisations à transformer les jachères en cultures énergétiques et les aides financières spécifiques données à l'hectare pour encourager les agriculteurs à poursuivre hors jachères de telles cultures vont tout à fait dans le sens d'un nouveau support à l'agriculture française. Le revers de la médaille est que les agriculteurs vont connaître directement, pour une partie de leur production végétale, l'astreinte du monde de l'industrie des carburants où les prix fluctuent en fonction de l'offre et de la demande.

L'Agence internationale de l'énergie (AIE), dans ses scenarii de limitation de la concentration du CO^2 de l'atmosphère à moins de 500 ppm, indique que la part des biocarburants doit atteindre 26 % des carburants utilisés. Cette proposition est irresponsable ! Elle va porter à un point critique la compétition entre cultures alimentaires et cultures énergétiques. Aujourd'hui déjà (chiffres 2008), produire près de 43 millions de tep de biocarburants par an, soit moins de 2 % de l'énergie consommée pour les transports, requiert 100 millions de tonnes (Mt) de céréales (ce qui équivaut à 5 % de la production mondiale), 320 Mt de plantes sucrières (17 % de la production mondiale) et 11 Mt d'huiles végétales (9 % de la production mondiale)[22]. Les terres destinées à ces cultures couvrent 28 millions d'hectares, c'est-à-dire 6 % des surfaces cultivées. On imagine ce qu'il adviendrait si l'on suivait les recommandations de l'AIE ! Il faudrait gagner sur les forêts pour dégager les centaines de millions d'hectares nécessaires : les émissions de carbone, comme on l'a vu, augmenteraient d'au moins 30 % durant les trois décennies à venir… l'inverse de ce qui est espéré. Bien plus, si la totalité des plantes destinées à la fabrication des biocarburants de deuxième génération est utilisée, tous les éléments nutritifs qu'elles contiennent ne retourneront pas à la terre qui s'appauvrira d'autant. Une terre épuisée en nutriments devient très vite une terre morte car incapable d'alimenter la vie qu'elle abrite – vers, bactéries, champignons – et sa végétation. Les conséquences sur la chute des rendements de la production agricole ne se feront pas attendre. Et les prix des denrées alimentaires s'envoleront. Le réflexe pour remédier à cet état de faits sera d'amender les sols en engrais et d'irriguer davantage. Les terres servant la chaîne alimentaire sont trop précieuses pour être détournées, surtout dans les pays qui en ont le plus besoin, c'est-à-dire les pays pauvres. Le prix à payer pour l'environnement est trop important pour que les biocarburants puissent être produits à partir de cultures alimentaires. Que faire alors ?

Dans un premier temps, il faudrait orienter leur fabrication à partir de plantes non utilisées pour nourrir les hommes et les animaux tout en limitant les surfaces de terres arables qui y seront attribuées. Plusieurs solutions sont à l'étude. Des plantes pérennes de pays chaud comme le *jatropha curcas* avec un potentiel de 1 800 litres d'huile à l'hectare sont sous les projecteurs de la recherche ; et déjà la Chine et l'Inde encouragent sa culture en sachant que cette plante pourrait pousser dans toute une partie du continent africain et du Sud-Est asiatique. Mais n'oublions pas l'énorme potentiel de la canne à sucre, capable de s'adapter à des sols dégradés et même d'en stopper l'érosion. Une culture qui peut revaloriser les terres trop détériorées des pays chauds. Pour l'instant, le Brésil reste le principal producteur d'éthanol. Il a lancé, tout comme les États-Unis, plusieurs programmes d'amélioration génétique de la canne pour augmenter sa teneur en sucre, la rendre résistante à la sécheresse et tolérante au virus de la maladie dite de la mosaïque, ou pour transformer la bagasse, ce résidu restant après en avoir extrait le jus en éthanol par la modification des enzymes impliqués dans la fermentation qui transforme le sucre en alcool. Dans une poignée d'années, tous ces procédés seront exploités à une échelle industrielle.

Dans un deuxième temps, d'autres procédés qui n'affecteraient pas les terres arables sont en cours d'étude. Les premiers résultats sont très prometteurs sur la transformation des déchets organiques domestiques ou animaux par des procédés de pyrolyse ou microbiologiques. L'intérêt de chercheurs de l'IRD (Institut de recherche pour le développement) se porte même sur un champignon (*Trichoderma reesei*) qui dégrade de façon complète les débris végétaux de tous ordres en générant des sucres simples, offrant de nouvelles perspectives pour la transformation des déchets organiques. Mais le procédé le plus encourageant est celui dit de troisième génération : il consiste à faire pousser dans des réacteurs des micro-algues marines par stimulation de la photosynthèse. Les réacteurs sont d'immenses tubes en verre remplis d'eau de mer qui reçoivent par transparence l'énergie solaire et qui sont alimentés régulièrement par du CO^2. Ce dernier provient de la récupération du gaz carbonique fourni par des industries à forte émission, telles les cimenteries. D'où l'intérêt d'installer ces réacteurs dans des régions ensoleillées, à proximité d'usines polluantes en CO^2 et près des côtes. Ce sont les lipides (très énergétiques) des micro-algues qui sont transformés en biodiésels ou en biokérosène selon le procédé choisi (« transestérification » ou « hydrogénation »). Plusieurs pays se penchent sur la valorisation des micro-algues marines et sous le regard intéressé de plusieurs grandes compagnies aériennes soucieuses de s'alimenter en kérosène à des prix raisonnables. Car aujourd'hui la tonne de kérosène revient à cent fois le prix du baril de pétrole : à chaque hausse de ce dernier, il faut ajuster le prix du carburant. En 1999 le carburant ne représentait que 5 % du coût du billet d'avion, dix ans après il était de 40 %.

La terre est trop sollicitée pour qu'animaux, hommes et machines la partagent. Il faut renoncer à l'utiliser pour fabriquer des biocarburants sauf dans le cas de la canne à sucre adaptée aux sols dégradés. Gardons les terres fertiles pour nourrir les hommes dont les trois prochaines décennies verront croître le nombre. Celles-ci représentent la période de transition nécessaire pour modifier nos habitudes énergétiques, mais aussi, elles constituent le temps nécessaire à une stabilisation de la population mondiale qui a amorcé sa décrue dès le début des années 1980 et dont l'accroissement ne s'atténuera par glissement que vers les années 2040. C'est donc la maîtrise de cette période de transition qui déterminera l'avenir de nos sociétés.

CHAPITRE VIII

Vers une autre agriculture

QUI A PEUR DU PROGRÈS SCIENTIFIQUE ?

Aujourd'hui, sur bien des sujets, les connaissances ne sont que fragmentaires et de nombreuses choses restent à découvrir. Trois cents ans après Linné, on s'aperçoit que la diversité biologique est gigantesque par rapport au vivant déjà recensé ; la nature se dévoile à nous comme un système complexe dans lequel chaque composante est interconnectée et en étroite dépendance avec ses voisines. Nous y puisons des ressources et des biens, et la prospérité des sociétés humaines dépend intimement de la qualité et de la quantité suffisante des ressources naturelles vitales de la surface de la planète : l'eau, la terre arable et la diversité des autres créatures vivantes.

Le progrès scientifique et technique, et lui seul, a permis cette prise de conscience, même si elle pouvait sembler évidente à certains. L'humanité bascule d'un monde du croire à un monde du savoir. Car la science, pour la première fois, nous fait toucher du doigt de quoi est fait l'Univers, notre globe et ce qui nous entoure ; elle fait reculer tous les jours les certitudes auxquelles nous nous accrochions, défait le nid que nous nous étions fait au milieu des humains. Si la connaissance et le savoir se sont construits progressivement au fil de l'accumulation des observations, des découvertes et des innovations technologiques, ils ont atteint un seuil où la prise de conscience est soudaine. Et, en ce sens, elle nous sort brutalement de l'imaginaire dans lequel nous avions confortablement installé nos croyances. Elle dérange au plus profond de notre chair et cela ne se fait pas sans soubresauts, sans spasmes violents. Car tous ne perçoivent pas cette nécessité du progrès comme une voie de passage, mais bien comme un malheur collectif qu'il faut combattre.

Prenons pour exemples les organismes génétiquement modifiés (OGM) et le réchauffement climatique par l'augmentation du CO^2 atmosphérique. Les uns et l'autre ont déchaîné les passions citoyennes à force de communication et d'actions violentes. Dans les deux cas, l'essentiel de la communication n'a réellement pris assise que sur le sentiment de peur qu'ils engendrent, repoussant les voix qui s'élevaient pour contre-argumenter. Et pourtant si, dans le premier cas, la majorité des scientifiques spécialistes défendaient les OGM, on leur opposait les quelques rares chercheurs qui trouvaient dangereuses les manipulations génétiques tout en accompagnant cet argumentaire d'actions violentes, en fauchant les cultures expérimentales et en détruisant les plants de recherche dans les laboratoires. Dans le deuxième cas, à l'inverse, on argumentait sur le danger du gaz carbonique relâché par les comportements anthropiques en s'appuyant sur le fait qu'une large majorité de scientifiques en démontrait la véracité, ignorant ou enveloppant de mépris, voire de haine, ceux d'entre eux qui affirmaient que le gaz carbonique n'était sans doute pas à l'origine du réchauffement, ou qui soulignaient que l'évolution climatique actuelle relevait de processus bien plus complexes.

L'opinion citoyenne, ainsi conduite par des hommes déterminés et somme toute violents, finit par craindre les avancées scientifiques et les innovations techniques et industrielles. Elle montre du doigt l'action des hommes eux-mêmes, scientifiques et industriels de connivence, les présentant comme des perturbateurs en puissance de l'avenir de notre environnement, de notre planète. Il faut sauver cette dernière coûte que coûte, sauver la nature en restituant son intégrité.

Cette façon d'agir opère par amplification, à tel point que l'homme se sent plus coupable des effets de son développement sur les ressources naturelles que sur le sort de 1 milliard de ses semblables. C'est ce qu'on pourrait appeler l'« effet Baskerville », personnage de Conan Doyle victime de sa propre crainte.

Ameuter l'opinion à grands sons de trompe sur l'apocalypse proche et le trop grand zèle pour sauver l'homme de lui-même, pour le bien de la nature, peuvent provoquer de grands maux. La société est peuplée d'illusionnistes. Il faut s'en garder et tourner nos regards vers les hommes de science qui travaillent sans relâche et qu'enfin certains hommes politiques commencent à entendre. Le président des États-Unis, Barack Obama, avait fait preuve de clairvoyance lorsqu'il prononçait en décembre 2008 ces deux phrases : « Il faut faire en sorte que les faits et les preuves ne soient pas déformés ou occultés par la politique ou l'idéologie. Il faut écouter ce que les scientifiques ont à nous dire même si cela dérange, surtout si cela dérange. »

Ne doit-on pas tout simplement saisir ce dont nous sommes massivement et subitement instruits pour accommoder la distance qui sépare la réalité scientifique du monde des valeurs morales ? Ajuster le fait scientifique, c'est-à-dire ce qui est, au fait social tout aussi complexe ? Pour cela, les scientifiques doivent prendre conscience à leur tour que la science est devenue une partie intégrante, sinon essentielle, du développement et du comportement social.

La recherche scientifique est le siège de deux processus contradictoires. L'un tend à instaurer la compétition, l'autre le partage. La science, moteur de l'économie moderne, joue la compétition. La science, créatrice de biens publics, traduit le partage. C'est parce que la production des connaissances du XXIe siècle aura un impact direct sur l'économie, les grands enjeux sociaux, la sauvegarde des ressources naturelles, la réduction de la pauvreté et même sur les équilibres politiques, qu'elle doit s'inscrire rapidement, intimement, explicitement dans la culture des citoyens. Bien plus, elle doit se mettre au service de l'humanité en se focalisant sur la résolution des problèmes les plus aigus du moment. On ne saurait laisser une partie des hommes en marge du progrès et du développement. Il faut entendre la clameur des plus démunis dont le premier besoin est de manger à leur faim, il est insupportable que vingt personnes, dont essentiellement des enfants, meurent de faim chaque minute ! L'accès, pour cette fraction de l'humanité, à une vie décente et digne est une obligation morale, une nécessité pour les équilibres politiques de certaines nations et pour l'effet domino qu'ils entraîneraient sur les autres pays en cas de rupture de l'un d'entre eux.

Une grande partie de l'humanité, à qui tout semble facile et inépuisable, est engourdie à force d'être protégée, car notre temps aime les commodités et rend sourd et aveugle à la misère financière et humaine des peuples oubliés. Un milliard de personnes ont faim ! Voilà la priorité : aucune croissance ne peut se justifier si elle outrage la dignité de l'être humain. En même temps qu'aucune croissance ne peut plus se faire au mépris du renouvellement des ressources naturelles. Il s'agit désormais de nourrir le monde sans se démunir de la fertilité du sol, sans raréfier les réserves d'eau douce, sans anéantir la vie microscopique foisonnante qui nous entoure. La science doit se mobiliser sur un objectif majeur : sauver l'agriculture ! Pour cela il faut envisager une approche scientifique de celle-ci qui, sur bien des points, soit à front renversé avec ce qui a été mené jusqu'à présent.

Bien des spécialistes cherchent aujourd'hui une voie de passage à une économie qui tiendrait compte des raretés qu'elle engendre[42]. On parle d'économie verte, et on nous montre combien telle ou telle façon de procéder serait la meilleure et la moins dépensière. Mais, tout au long de cet ouvrage, on a pu mesurer ce qu'il en coûte à une société de manger à sa faim. Parler d'économie en agriculture est une aberration, car l'investissement pour aménager un champ, le labourer, le semer, l'irriguer, le traiter, le récolter, l'entretenir, auquel s'ajoutent les dégradations causées au sol, à la biodiversité, au changement de statut de l'eau, à la déforestation, etc., a un coût réel bien plus lourd en regard du revenu ou du prix de vente des denrées et marchandises issues de l'agriculture. Il faut être clair : c'est le citoyen qui subventionne la production de nourriture des hommes et qui de surcroît l'achète ensuite pour en profiter lui-même. Une double peine en quelque sorte ! C'est en ce sens qu'il a tout à fait le droit de s'exprimer sur la politique agricole de son pays, peut-être encore plus que sur un autre domaine. Nourrir l'humanité va coûter très cher. En aura-t-on les moyens ? Peut-on y arriver ? Sans aucun doute oui, mais il faut pour cela prendre des dispositions d'ordre scientifique, culturel et social. Désormais, le temps pour y arriver se compte en décennies et le compte à rebours s'est mis en marche.

CULTIVER SANS LABOURER ?

La toute première priorité est d'arrêter l'« effusion de sang » des sols qui perdent leur productivité et parfois plus, lorsqu'ils fondent comme peau de chagrin. Le labour de plus en plus profond, la plupart du temps mené pour des raisons de commodité dans le sens de la pente, reste la cause majeure de l'érosion et de la perte de fertilité de la terre arable. Il faut changer sans plus tarder la façon de travailler la terre. Voyons pourquoi et comment.

La qualité d'un sol dépend de sa richesse en argile et en matière organique constituée de carbone surtout, d'azote et d'autres molécules ou atomes minéraux. Les relations d'arrangement des particules d'argile entre elles, en profondeur, et avec les molécules organiques plus près de la surface, donnent au sol une structure caractéristique. Cette structure détermine à la fois la porosité et la perméabilité du sol, c'est-à-dire les relations d'ordre dynamique et chimique entre l'eau qui visite le sol et l'argile qui le constitue. Porosité et perméabilité régissent la capacité du sol à se saturer d'eau et s'inonder ou à résister à la sécheresse. De plus, la structure garantit la résistance du sol aux agressions de la pluie et du vent.

Le labour vient perturber et détruire la structure de la partie la plus superficielle et la plus fertile du sol. Il est aidé en cela par les lourds engins qui écrasent les petits agrégats argileux structurant le sol, compactent les premiers décimètres de surface et empêchent l'eau de pluie d'y pénétrer. Le ruissellement ainsi favorisé parcourt la surface du sol, prend de la vitesse et incise la terre en rigoles ou chenaux d'érosion.

Le labour aère la terre en la retournant, ce qui était son but, puisque la terre, ainsi « ameublie », permettrait aux racines des plants cultivés de mieux la pénétrer, tout en supprimant les mauvaises herbes. Aérer veut dire oxygéner ! La matière organique qui était enfouie, prête à fertiliser les racines des végétaux, est subitement portée à l'air, s'oxyde en gaz carbonique qui gagne l'atmosphère. Et, avec lui, la fertilité part en fumée. Bien plus, l'eau liée à la fine porosité des argiles arrangées en agrégats s'évapore et le sol, livré aux rayons du soleil, voit sa température de surface multipliée par deux ou trois, asséchant davantage la terre. Micro-organismes, champignons filamenteux, vers de terre et bien d'autres créatures vivantes voient leur nombre diminuer alors de façon significative[1].

En fait, ce sont les agrégats structurant le sol qui sont les garants oubliés de sa productivité. Ils fournissent entre eux et en leur sein, par leur porosité, l'aération adéquate des racines et des micro-organismes ; ils captent une partie de l'eau qui s'infiltre, la mettent en banque dans leur porosité et la restituent aux plantes parcimonieusement au fur et à mesure de leurs besoins ; ils offrent sur la surface des argiles qui les constituent des réserves de nutriments minéraux et organiques sous forme de molécules assimilables par les végétaux et la vie cachée sous terre ; ils permettent par leur disposition régulière dans le sol et leur homogénéité une germination des graines rapide et uniforme ; enfin, ils limitent le dessèchement ou la saturation par l'eau et résistent à l'érosion.

Après un tel constat, dressé par presque tous les spécialistes du sol, pourquoi labourer de plus en plus profond avec des tracteurs de plus en plus puissants ? Ne pourrait-on pas cultiver sans labourer ou tout au moins en réduisant le travail du sol ? Beaucoup s'y sont essayés et les résultats sont très encourageants. Depuis les premières expériences concluantes menées à Rothamsted dans les années 1930, de nouvelles méthodes de mise en culture, mélangeant pratiques anciennes et modernes, furent proposées(98). De nombreux pays peu développés, comme la Chine de cette époque, appliquaient de telles pratiques agricoles. Les fermiers des États-Unis prompts à tenter l'expérience adoptèrent dans les années 1960 ce qu'on appelle désormais le labourage de conservation (*conservation tillage practices*). En gros, trois méthodes de techniques culturales simplifiées sont de nos jours utilisées dans de très nombreux pays où l'agriculture joue un rôle important. Il s'agit des cultures sous couvertures ou sous paillis (*mulch tillage*) lorsque le seul travail du sol consiste à le fendre par une gouge ou un disque conduit par la charrue juste avant de semer, le non-labour (*no-tillage*) lorsque la terre non travaillée est fendue par un disque étroit et la semence introduite aussitôt dans l'ouverture dont les lèvres sont refermées, et le labour réduit (*reduced till)* lorsque la terre n'est travaillée que partiellement avec les dents d'une herse en laissant entre 20 et 30 % de débris végétaux de la récolte précédente et des herbes repoussées afin de protéger le sol de l'érosion. Bien que ces trois méthodes diffèrent, elles tendent toutes à préserver et développer un sol fertile, un milieu vivant, et cela requiert une attention quotidienne pour assurer « des niveaux de production équivalents, voire supérieurs aux méthodes traditionnelles tout en autorisant des réductions d'intrants(92) ». Car, il ne faut pas rêver, ces méthodes ne suppriment pas les pesticides, elles les limitent. Elles ne les emploient que spécifiquement avant le travail limité du sol ou avant le semis direct.

Mais l'agriculture française, qui par tradition ancestrale n'est que très peu versée dans ces méthodes culturales simplifiées, est le troisième consommateur mondial de pesticides. En s'impliquant plus dans de telles pratiques de culture, elle ne pourrait que réduire sa consommation. Et tout le milieu naturel pousserait un soupir de soulagement... car les pesticides, notamment les herbicides, selon leur solubilité, se retrouvent à 36 % dans les eaux de surface et à 25 % dans les eaux des nappes. Leurs molécules et celles de leurs produits de dégradation secondaires restent des substances excessivement dangereuses pour l'homme. Nous reviendrons sur ce point.

Limiter le travail du sol ou encore mieux, le réduire à un simple sillon fendu par un disque ou un couteau, le temps d'y déposer le semis puis le refermer aussitôt, reste une façon de préserver son intégrité naturelle. La technique du non-labour ou du semis direct convainc de plus en plus de pays. C'est la forme la plus accomplie de simplification du travail du sol et de sa préservation. Aujourd'hui, près de 90 millions d'hectares à travers le monde ont été convertis, quel que soit le type de sol et les conditions climatiques : en Amérique du Nord (États-Unis et Canada), entre 20 et 25 % des terres cultivées et environ 50 % au Brésil, Paraguay et Argentine, mais déjà tout le reste de l'Amérique latine s'y est mis. L'Inde, la Chine, l'Afrique du Sud, l'Australie consacrent des millions d'hectares à ce procédé de culture(50)(58)(98)... mais l'Europe reste drapée dans ses certitudes ancestrales : seulement 1,5 % des terres sont dévolues au non-labour ! Et lorsqu'on sait que la Grande-Bretagne à elle seule se sert de cette méthode pour un tiers de ses terres à céréales, on imagine la réticence majoritaire chez la plupart des autres Européens. En France, seulement 0,7 % des sols cultivés sont consacrés au semis direct. Les discussions que j'ai pu avoir avec les exploitants m'ont montré combien les traditions sont fortes en France. On ne vous dit pas que cela ne marche pas, on vous explique « qu'ici la terre ne convient pas à ce type de pratique agricole. Certes ailleurs, oui, mais ce n'est pas la même terre ! ».

Et pourtant, le semis planté sans retourner la terre, sous les résidus ou la paille de la végétation précédente, conduit à une culture à bon rendement. Quel que soit le sol. En plus, l'évaporation de l'eau est considérablement réduite, la température de surface chute d'un facteur 2, l'érosion est diminuée d'un facteur 13 pour les champs dont la pente est de 5 % et d'un facteur 23 pour une pente de 9 %. Ce qui signifie tout simplement que l'érosion due au facteur humain disparaît avec des quantités d'argile érodée de moins d'une demi-tonne à l'hectare et par an (0,5 t/ha/an) au lieu des 3 à 12 t/ha/an dans les champs labourés de nos régions tempérées. Le ruissellement minimisé, ce sont des tonnes de fertilisants à l'hectare qui ne sont plus entraînés avec l'argile vers les rivières et les fleuves, diminuant leur pollution. Mais avec le non-labour (ou le semis direct), la fertilité en matière organique se reconstitue dans les dix premiers centimètres et les populations de vers de terre se multiplient par deux ou trois, entraînant rapidement une meilleure infiltration des eaux de pluie, ce qui est particulièrement important pour les terres des pays frais et humides qui ont tendance à s'engorger sous les pluies fréquentes.

L'augmentation de la matière organique dans les premiers centimètres du sol s'accompagne d'une augmentation de potassium, de phosphore, d'azote, qui, protégés au sein des agrégats argileux, sont moins lessivés, moins entraînés en profondeur par les eaux de percolation. Et tant que le sol reste humide, leur disponibilité pour les plantes est totale. C'est une économie d'engrais potentielle. Et la vie dans le sol reprend son cours, bactéries et microchampignons en tête.

Tout est-il si merveilleux avec ces pratiques de semis direct ? Non, mais c'est le travail qui préserve le mieux le sol et lui restitue ses fonctions naturelles. Si à cela s'ajoutent les économies d'énergie entre 10 et 20 % en moyenne (voire jusqu'à 50 % dans des fermes expérimentales du Brésil), la moindre usure des outils et engins agricoles, et donc une économie du temps de travail, on peut dire sans hésiter que la pratique agricole du semis direct présente d'énormes avantages comparée au labourage moderne devenu, en un siècle seulement, une tradition avérée. Engoncés dans leurs terres familiales, nos agriculteurs rechignent devant une telle prise de risque, devant une innovation évidente, devant une façon nouvelle de travailler leurs champs. Il est temps que l'Europe s'arrache à ses traditions culturelles agricoles.

DES ENGRAIS MIEUX GÉRÉS

Les fertilisants chimiques tels que l'azote, le phosphate, la potasse, sont employés pour compenser le manque de nutriments soit parce que la composition minérale et organique du sol est déficiente, soit parce que cette dernière s'épuise par excès d'exploitation agricole. Les engrais servent à obtenir des plantes de qualité et des récoltes suffisantes.

À l'heure où la plupart des pays veulent accéder à la sécurité alimentaire, c'est-à-dire pouvoir produire et acheter des aliments en quantité et en qualité suffisantes pour nourrir leur population, la demande d'engrais s'envole. La France agricole, toujours prête à faire plus et mieux, était la plus dépensière en engrais au début des années 1980. Elle a depuis nettement diminué leur usage et rejoint la norme mondiale. Au début du XXIe siècle, le monde agricole avait recours à près de 140 millions de tonnes par an. Avec un souci évident de diminuer leur impact sur la dégradation de l'environnement, de nouvelles formes de fertilisants apparaissent. Ceux-ci se dissolvent plus lentement dans les horizons supérieurs du sol, rendant l'utilisation des nouvelles formes d'azote mieux adaptées à la sauvegarde des nappes et des rivières. Mais leur prix plus élevé et la réponse des plantes cultivées, inférieure par kilogramme d'azote, limitent leur généralisation. Et les agriculteurs, plus soucieux de leurs revenus que du devenir de l'environnement, préfèrent utiliser encore les formes plus solubles et moins chères. L'attrait d'un meilleur revenu personnel à court terme l'emporte toujours sur l'intérêt général à moyen ou à long terme. Comment les convaincre que la ressource naturelle qui est le soubassement de leur métier est une monture à ménager ?

Il paraît impossible de se passer de fertilisants minéraux. En revanche, bien des agriculteurs ne connaissent pas encore la composition de leur sol qu'ils ont tendance à engraisser à l'excès. Le gâchis des amendements excessifs, sources de pollution des eaux, doit être éradiqué sans attendre. Il s'agit désormais d'ajuster strictement l'apport d'engrais au sol et à sa dynamique, à la culture précédente et à celle à venir. Car chaque récolte soustrait du sol une quantité donnée de nutriments minéraux qu'il faut connaître pour éviter les carences. Par exemple, en pays tempéré, une production d'environ 8 tonnes de grains de blé à l'hectare ponctionne 25 kilogrammes de phosphore et autant de potassium. Cependant, un sol développé sur granite ne présentera pas les mêmes besoins qu'une terre sur calcaire. Le retour régulier de nutriments à la terre est une obligation car, dès la première récolte, la terre perd de son contenu nutritionnel. Si les engrais restent indispensables, ils peuvent être réduits considérablement grâce à la connaissance de leur cycle chimique, de leur interaction avec l'argile du sol et les racines des végétaux, de leur action sur la vie diversifiée de la terre. Leur diminution et leur usage plus précis, s'ils s'accompagnent de techniques de conservation du sol que nous avons mentionnées, constitueraient, à n'en pas douter, une révolution dans la façon de traiter le sol arable.

Tout cela nécessite une parfaite connaissance, par le paysan, du milieu naturel qu'il met en exploitation, car chacun de ses gestes aura des implications sur l'écosystème. Aussi est-il de la plus grande importance que nos agriculteurs puissent recevoir une formation sans cesse renouvelée, une initiation biochimique, qu'ils soient informés des innovations techniques en irrigation et des avancées des connaissances sur le sol, sa biodiversité... En deux mots, il ne suffit plus d'une compétence technique pour exploiter une parcelle et élever des bêtes, il y faut un flot de savoirs nouveaux. Cette éducation, comme au Québec, doit aller au-devant les paysans en continu, sur le terrain. Les salons agricoles où les nouveautés techniques sont présentées ne suffisent plus.

LE DANGER DES PESTICIDES

Les plantes cultivées étant victimes de maladies induites par des micro-organismes, des insectes ou détruites par des ravageurs, on utilise pour les protéger des insecticides, des nématicides, des fongicides, tout comme on élimine les mauvaises herbes avec des herbicides. L'ensemble de ces produits constitue les pesticides. Ils sont utilisés à tout moment, depuis la culture jusqu'au stockage des grains. Comme toujours, la dose fait le poison. Dans le cas des pesticides, même à faibles doses, ils restent dangereux.

Des centaines de pesticides sont utilisés de nos jours et l'accroissement de leur efficacité a permis de diminuer les doses appliquées à la terre. Des 10 à 500 kilos à l'hectare de pesticides inorganiques répandus au début du XXe siècle, puis des 1 à 5 kilos à l'hectare à l'avènement, dans les années 1950, des produits organochlorés et organophosphorés et des herbicides sélectifs, on sait aujourd'hui fabriquer des insecticides et herbicides si actifs et sélectifs que les doses utilisées sont de l'ordre de 10 grammes à l'hectare, ce qui peut paraître dérisoire comparé à la masse d'argile et de matière organique du sol, mais c'est sans compter avec leur très forte toxicité.

Théoriquement, le pesticide idéal devrait être spécifique et ciblé sur l'organisme animal ou végétal à éradiquer, puis se dégrader en produit secondaire inoffensif notamment pour les mammifères. En pratique, cet idéal n'est jamais atteint, si bien que leur utilisation cause des dommages sur des tas d'autres organismes utiles. Et, hélas, leurs molécules, surtout si elles sont organochlorées, organobromées ou organophosphorées, peuvent être très stables et solubles dans les graisses de sorte qu'elles s'accumulent dans les tissus adipeux des animaux ou les lipides végétaux et, au cours de la chaîne alimentaire, atteindre en faibles doses les humains.

L'effet nocif des insecticides sur la microfaune et la microflore du sol n'est plus à démontrer. En revanche, des études récentes ont comparé l'impact que peut avoir sur la microfaune de champs de maïs, l'emploi d'un insecticide (le diméthoate) qu'on répand sur une variété traditionnelle par rapport à l'emploi de variétés génétiquement modifiées et de variétés conventionnelles sans additif d'insecticide quelconque[(24)]. Pour cela, plusieurs champs ont été sélectionnés en France et au Danemark, sous des climats et sur des terres différents. D'une manière générale la microfaune est bien plus abondante à proximité immédiate des racines des plants de maïs qu'entre les rangées plantées dépourvues de végétation et tassées par les roues du tracteur, venant confirmer si besoin était que la vie souterraine existe là où la vie végétale est présente. La microfaune diminue d'autant (autour de 40 %) sous les plants de maïs conventionnels que sous les plants génétiquement modifiés. C'est l'effet de monoculture. Les plants de maïs OGM par eux-mêmes n'ont aucun effet sur le monde vivant souterrain comme cela a pu être démontré à maintes reprises dans d'autres lieux et au laboratoire [(11)(88)(95)]. Les protéines de ces maïs transgéniques pouvant subsister dans le sol de quelques jours à quelques mois selon sa nature, sans pour autant présenter un effet retard quelconque. À l'inverse l'épandage du diméthoate sur les champs de maïs conventionnel a un effet désastreux sur la microfaune du sol qui disparaît à 80 % en moyenne.

L'agriculture moderne, c'est-à-dire celle des pays industrialisés, qui se veut intensive et spécialisée, emploie d'énormes quantités cumulées de pesticides pour accroître les rendements à l'hectare et offrir des aliments à prix raisonnable. La France est le premier consommateur de pesticides en Europe et le troisième au monde avec une utilisation moyenne annuelle de 70 000 tonnes. Grâce à cette politique, son grain est apprécié par les pays importateurs et après l'effondrement des récoltes de céréales de la Russie touchée par un été 2010 caniculaire, bien des pays des zones semi-arides obligés de se tourner vers la France découvrent un grain de meilleure qualité même si le prix à l'achat a doublé à cause de la conjoncture climatique du moment. L'utilisation excessive de pesticides peut, dans ce cas, ne pas sembler irrationnelle. C'est sans compter les dégâts portés à l'environnement et l'introduction de doses de pesticides dans la chaîne alimentaire.

Dans le peloton de tête des mauvais élèves en matière de pesticides, la France tente aujourd'hui de se refaire une virginité, consciente de l'impact à long terme que ces intrants chimiques ont sur la biodiversité des terres et la santé des mammifères, humains compris. À la demande du gouvernement, l'INRA a, dans ce but, lancé plusieurs audits et groupes de travail. Les fabricants de pesticides eux-mêmes, volontairement ou en réponse aux directives gouvernementales, un peu partout dans le monde, s'emploient à trouver et tester des molécules plus spécifiques, tout en minimisant leur temps de résidence dans le sol et la toxicité de leurs produits de dégradation secondaires entraînés en définitive dans l'eau des nappes, des rivières ou diffusés dans l'air.

Même si les progrès technologiques sont impressionnants dans ce domaine, régulièrement des pesticides qu'on prenait pour des produits miracles sont retirés du marché à cause de leurs effets nocifs sur la chaîne alimentaire ou sur l'environnement.

Les pesticides sont de petites molécules constituées d'une partie active et toxique et d'une partie secondaire (adjuvant, solvant, excipient) qui assure la stabilité du produit. Parmi ces molécules, certaines sont volatiles, d'autres très solubles dans l'eau et d'autres encore retenues à la surface des argiles ou des particules de matière organique. Théoriquement, elles doivent atteindre l'objectif pour lequel elles sont conçues ou se dégrader biologiquement, ou sous l'action des rayons du soleil pour les plus volatiles. Mais ces processus ne sont pas instantanés, ils requièrent plusieurs jours à plusieurs années, quand ils ne sont pas dégradés en produits secondaires encore plus nocifs.

Depuis la dernière décennie du XXe siècle, de nombreux pays ont mis en place des stations de mesure, essentiellement en zones agricoles, mais aussi en zones urbaines, pour suivre l'impact que les pesticides peuvent avoir sur l'environnement et la santé publique. En France, des pesticides employés en zones cultivées passent dans l'eau de surface et dans l'eau souterraine. Ce qui en fait des eaux de qualité médiocre ou mauvaise d'autant plus que s'y retrouvent, au moins, de une à deux dizaines de pesticides différents. Il en est de même pour tous les pays qui généralisent l'emploi de tels produits. Par exemple au Québec[(101)], au début du siècle, parmi les 44 pesticides répandus dans les champs de maïs et de soja, 25 à 28 (surtout des herbicides) ont été détectés dans l'eau des rivières de proximité, avec des pics d'amplitude chaque été ; et lorsqu'il s'agit de cultures maraîchères, les eaux des rivières contiguës ont des concentrations 60 à 100 fois supérieures aux normes sanitaires.

De nombreuses molécules sont mises sur le marché depuis quelques années, comme l'herbicide glyphosate.

Mais le remplacement d'un pesticide par un autre ne résout pas le problème. Ces produits de nouvelle génération ne font que s'ajouter aux nombreux autres produits détectés dans les eaux de rivière et de nappe. Les pesticides sont également retrouvés dans l'air ambiant des campagnes et, désormais, par la multiplication des jardins privés, des espaces verts municipaux, des parcours de golf, ils se concentrent dans l'eau des rejets urbains et dans l'air des villes.

Aujourd'hui, l'accumulation des pesticides dans la plupart des produits végétaux et animaux que nous consommons, dans l'eau que nous buvons et dans l'air que nous respirons, constitue, pour certaines zones habitées du moins, un grave danger de santé publique. On les pointe du doigt comme molécules mutagènes et cancérigènes et comme perturbateurs des systèmes endocriniens et reproducteurs. Selon l'Organisation mondiale de la santé (OMS) environ 10 % des décès dans le monde seraient imputables à l'emploi des pesticides. Ce pourcentage est considérable. Qu'en penser alors que d'autres spécialistes en santé vous affirment que la relation directe entre pesticides et cancers chez l'homme n'est pas démontrée ? Souvenons-nous de la conférence de Noukous en 1995 qui dressait le bilan de la catastrophe écologique de la mer d'Aral, quarante-cinq ans après le début de l'irrigation et du traitement chimique des cultures de coton de cette région : la mortalité infantile était la plus élevée du monde et près de 10 % des nouveau-nés étaient débiles, bien plus la taille moyenne des enfants était inférieure de plusieurs centimètres à ce qu'elle était dans les années 1950 et la leucémie touchait deux fois plus d'enfants qu'ailleurs. Dans certaines zones, 80 % de la population souffrait d'un cancer de l'estomac. Comment ne pas attribuer cette catastrophe humaine à l'emploi massif des pesticides qui était fait durant des décennies ?

Aucun doute n'est permis : il faut réduire drastiquement l'usage des pesticides, sinon les supprimer. Comment alors faire face aux ravageurs, aux maladies, aux mauvaises herbes, afin que la production agricole reste tout à la fois suffisante et nourrisse une humanité de 9 à 10 milliards d'individus à des prix abordables ? En se servant des défenses de l'écosystème, en rendant les plantes intelligentes pour gérer elles-mêmes leur défense, en utilisant les variétés les plus adaptées pour résister à des endémies régionales, en pratiquant des cultures complémentaires et protectrices l'une de l'autre, en enherbant les inter-rangées de cultures pérennes ou annuelles pour augmenter la masse de matière organique dans la partie supérieure du sol, en contrôlant les insectes ravageurs par l'introduction d'insectes prédateurs tout en s'assurant que la biodiversité naturelle soit préservée. C'est ce qu'on appelle la lutte intégrée.

PRÉSERVER ET AUGMENTER LES TERRES ARABLES

Le rendement à l'hectare des cultures alimentaires des trois prochaines décennies dépendra de la qualité et de la quantité des ressources naturelles consacrées à l'usage agricole. Depuis les émeutes de la faim de 2008, l'agriculture est à nouveau au premier rang de l'agenda mondial. Bien des institutions, des groupes de travail et des organismes de recherche se sont penchés sur les besoins alimentaires de l'humanité vers 2050. Ces besoins sont inséparables de l'accès aux énergies, mais aussi du fonctionnement et du renouvellement des ressources naturelles. Ce qui représente un vrai casse-tête, chacun y va de ses propositions quantitatives et de ses modèles prédictifs. On ne peut ignorer ces initiatives, bien des éléments mesurés et conseillés sont repris dans cet ouvrage. Mais si l'on devait ne retenir qu'une idée force pour nourrir un peuplement humain grandissant de façon durable, je n'hésite pas à dire qu'il faut préserver les surfaces cultivables en les gardant vivantes. Car il n'y a d'agriculture durable qu'écologique.

L'eau d'irrigation dont on aura tant besoin ne sera sans doute plus un problème dès lors que les techniques de focalisation de l'arrosage seront généralisées et que le dessalement de l'eau de mer se fera à faible coût énergétique (par osmose inverse aux progrès considérables tous les dix ans), en limitant les déchets (saumures retraitées avant rejet) et en rechargeant les aquifères souterrains. Mais l'usage des terres à des fins agricoles conduit à leur dégradation par empoisonnement, par maltraitance, par érosion, sans compter celles qui s'évanouissent par urbanisation. Rappelons qu'entre 8 et 16 millions d'hectares de terres arables sont anéantis chaque année et que leur superficie est finie, sauf à considérer que leur extension peut se faire aux dépens de tous les terrains boisés, entraînant une modification profonde du bilan radiatif de notre planète et de la qualité des sols[(69)]. Il est donc urgent de s'assurer d'une couverture de sols suffisante pour porter les cultures de demain en évitant de les dégrader. Par l'adoption de techniques de préservation des sols, par une décroissance drastique de l'usage des pesticides, par la conservation d'une diversité biologique, par l'utilisation de plantes génétiquement améliorées, on doit non seulement pouvoir maintenir un rendement à l'hectare suffisant mais aussi étendre les surfaces cultivables dans des aires trop salées, trop arides, trop humides, trop froides. Dans de nombreux pays, les laboratoires de recherche universitaire mettent au point des plantes génétiquement adaptées à ces types de sols et avec toutes les précautions que les essais permettront d'affiner, ces plantes apparaîtront sur le marché dans moins d'une décennie. La France a beaucoup tergiversé sur l'utilisation par l'agriculture de plantes génétiquement modifiées, préférant même les sacrifier pour mieux faire passer à une partie de l'électorat la pilule de l'élargissement de l'énergie nucléaire. La France avec moins de 1 % de la population mondiale ne compte que par sa recherche scientifique, son innovation technologique, sa culture et jusqu'à présent la tolérance de ses institutions républicaines. Se refuser à approfondir un domaine scientifique clé du génie génétique, c'est renoncer tout simplement aux sauts technologiques majeurs dans l'agriculture mondiale.

Conclusion

L'agriculture du monde est en plein bouleversement, poussée de toutes parts par l'accroissement démographique, par l'émergence de nombreux pays jusque-là considérés pour leur seul attrait touristique, pour ne pas dire folklorique, par l'obésité des villes qui épongent le monde rural, par le séisme de la crise financière et économique dont les répliques n'en finissent pas, par l'appauvrissement des consommateurs, par la hausse vertigineuse du prix du foncier campagnard. Happée par la mondialisation(47), l'agriculture de ce début du troisième millénaire s'abîme.

Dans les grands pays industrialisés, les hommes se croisent. La population agricole s'exile régulièrement vers les centres urbains et les citadins se ruent vers les périphéries rurales pour y construire à des prix plus abordables qu'au cœur des villes. La valeur commerciale de la terre arable grimpe, mais moins que le mètre carré bétonné des métropoles, et chacun y cherche son compte : les citadins se ressourcent au milieu des champs et les paysans essaient de gagner correctement leur vie dans les cités. Le nombre de gens qui vivent à la campagne peut être supérieur à ceux qui travaillent dans une ferme. Les terres agricoles se rétrécissent et les petits exploitants s'appauvrissent. La surface agricole utilisée en France est désormais inférieure à la moitié de l'étendue du pays. C'est suffisant pour l'équilibre des écosystèmes, sauf que la population qui l'exploite s'est réduite à moins de 4 % des Français. Ailleurs, c'est parfois pire. Aux États-Unis, la population agricole est ramenée à 1,5 %.

Dans les pays émergents ou en voie de développement[(16)], l'assise agricole est encore très importante. Les communautés paysannes représentent en Asie et en Amérique latine entre 60 et 70 % de la population, 80 % en Afrique. La moitié du monde est paysan, mais pour combien de temps encore, puisque tous ces pays ont choisi de transposer un modèle d'agriculture occidental ? Les mêmes problèmes ne tarderont guère à surgir ! Déjà, en Chine plus de 80 millions de paysans ont trouvé le chemin de l'exode vers les villes qui croissent à vue d'œil.

La grande majorité des fermiers sont de petits exploitants. Ils sont les plus touchés par le modèle agricole de la seconde moitié du XXe siècle désormais à la dérive. Les structures de production sont très hétérogènes, si bien que 15 % d'entre elles rapportent presque 90 % du total des ventes des produits agricoles. Bien que l'agriculture reste une activité majeure dans tous les coins du monde, les pays occidentaux assistent au déclin du nombre de propriétés familiales par leur concentration, sans créations nouvelles. Dans les pays à forte croissance démographique, c'est au contraire le morcellement en micro-exploitations qui domine, mais, là aussi, le déclin est amorcé avec, dans certaines régions de Chine, comme en Malaisie ou au Brésil, des propriétés qui deviennent de plus en plus grandes, exploitant à l'excès l'usage de la terre[(79)]. Les jeunes tentent leur chance à la ville, la population paysanne prend de l'âge, l'agriculture perd en importance dans l'économie rurale, les disparités s'accentuent et, désormais, les trois quarts des personnes malnutries se comptent parmi les paysans[(47)]. Quel paradoxe ! Ce sont eux qui sont appelés à nourrir le monde. À l'opposé de ce qu'il faudrait faire, l'agriculture risque de n'appartenir qu'à quelques centaines de millions de grandes exploitations. L'agriculture se marginalise chaque année un peu plus alors que des milliards d'euros et de dollars y sont investis. Les agriculteurs français pourraient-ils vivre sans les subventions qui assurent la moitié de leurs revenus ? Nombre d'entre eux n'y arrivent plus. Même chez les paysans les plus pauvres de la planète à qui le microcrédit a donné tant d'espoir, jusqu'à remettre le prix Nobel à son concepteur, les officines de prêt n'arrêtent pas de réclamer les échéances de remboursement, poussant le paysan à emprunter. Et, pour deux cents dollars qu'ils ne peuvent plus rendre, des gens désespérés se suicident. Le monde agricole est perclus de maux.

Et, pour ajouter à l'angoisse, l'agriculteur est accusé de polluer l'environnement, les crises sanitaires viennent désorganiser les cheptels. Et chaque caprice météorologique ajoute à sa détresse. À l'évidence, le système d'agriculture moderne, qui évince les approches les moins performantes au profit des plus productives, qui s'appuie préférentiellement sur un socle commercial, qui décourage les hommes jusqu'à leur faire quitter la terre nourricière ou pire, jusqu'à les pousser au désespoir, cette agriculture a fait son temps.

Pourquoi un tel pessimisme alors que le monde est chaque jour mieux nourri et que les grandes famines se sont estompées ? Tout simplement parce que cet état de grâce repose sur une double illusion : celle de croire que les ressources naturelles qui font la richesse de l'agriculture sont infinies et non vivantes, et celle de penser qu'on ne manquera jamais de nourriture. Ce qui a conduit à une longue période chargée d'insouciance et d'erreurs d'où il faut sortir rapidement, car c'est le temps qui fait défaut.

Au fil des millénaires, on a pu voir comment l'agriculture a su profiter de la plus ténue des accalmies climatiques[(15)], de la moindre innovation technologique, permettant aux mosaïques de civilisations de s'épanouir aux quatre coins du globe. Prenant assise en dernier lieu sur les découvertes des énergies fossiles, elle n'a plus eu de retenue dans l'exploitation intensive du sol arable. La terre sollicitée par les hommes, l'est aujourd'hui en plus par les animaux, les moteurs et le béton. La conversion des protéines végétales en protéines animales est entrée dans une ère d'abondance ; les biocarburants s'envolent ; l'éparpillement urbain gagne sur les vallées fertiles.

On peut craindre pour les combustibles fossiles et notamment le pétrole, que l'homme tire profit du sédiment jusqu'au dernier litre. Ce qui est en jeu dans ce cas, c'est la puissance de son développement et son confort. Mais on ne saurait utiliser la terre arable en se souciant impunément du maximum de profit. Le sol ne peut plus être considéré comme une boîte chimique dans laquelle on perfuse des produits nocifs. En agissant de la sorte, on essore la terre arable jusqu'à sa dernière goutte d'argile et, avec elle, tous les nutriments minéraux et organiques qu'elle porte, toutes les molécules d'eau qu'elle contient, toute la vie qui s'y abrite. En préservant l'argile de la terre, l'homme ne s'occupe pas de son bien-être, il garantit sa survie.

L'argile, depuis la nuit des temps, a été l'établi sur lequel se sont construites les premières molécules prébiotiques à l'origine du foisonnement du monde vivant. Née de la roche dure au long des milliers d'années, elle a permis à la vie végétale et animale de conquérir les continents. Elle est dans la terre arable, en présence d'eau, le bourgeon de vie qui peut nourrir l'humanité. Elle est le fondement de l'agriculture. Il faut savoir la préserver en modifiant drastiquement les méthodes ancestrales de labourage pour interrompre son effusion vers les rivières, pour limiter sa perte de fertilité par oxydation de sa matière organique, pour freiner l'évaporation de son eau, pour moins irriguer. Tout cela coûte excessivement cher à la vie de la terre et en ricochet à ce qu'elle peut produire. On estime que la perte d'un pour-cent de matière organique du sol coûte environ 1 700 dollars car elle équivaut à une fuite de plus d'une tonne d'azote par hectare à compenser à force d'engrais chimiques. Il paraît clair qu'il faut changer la mesure de la performance sociale, aujourd'hui basée sur la seule production, le PIB. Il faut donner un prix aux raretés qu'a engendrées un développement inconsidéré : la terre, la forêt, l'eau, l'air. Pour cela il faut changer d'agriculture, la repenser rapidement, ne plus la laisser entre les seules mains des ingénieurs chargés d'en tirer les meilleurs rendements. C'est la fin du modèle agricole du XXe siècle qui n'a pas réussi à nourrir un habitant sur sept, mais qui, en revanche est parvenu à rendre obèse une personne sur dix.

La productivité des terres retournées depuis plusieurs siècles stagne partout, là où l'homme a exagérément labouré et inconsidérément dopé et aseptisé les cultures. Dans les trente dernières années, en moyennes mondiales, les productions de blé et de maïs ont chuté respectivement de près de 6 et de 4 %, c'est-à-dire de l'équivalent de la production de blé de la France et de celle du Mexique pour le maïs. En cessant de regarder sous ses pieds, l'homme a tout simplement oublié que la terre était vivante et gorgée de nutriments. L'amélioration des techniques agricoles a été poussée à outrance en Occident, pour nourrir des peuples épuisés par la guerre mondiale. De telles méthodes aux rendements miraculeux furent ensuite appliquées dans de nombreux autres pays, anciennes colonies ou non, dont le développement démographique fulgurant exigeait une production de denrées alimentaires de même échelle. L'erreur fut alors de ne point considérer que les sols arables étaient très contrastés dans leur composition chimique, dans leur structure et dans leurs besoins en eau. Par incurie scientifique et par ignorance du fonctionnement de l'écosystème naturel, la priorité fut donnée à la monoculture, à l'irrigation, aux traitements pesticides, au surengraissement des terres, oblitérant les systèmes de culture traditionnels qui avaient fait leurs preuves sur des terrains fragiles ou marginalisés. Il faut appuyer l'agriculture sur les écosystèmes locaux ou régionaux, respecter la terre pour ce qu'elle est, un milieu vivant et non plus la traire comme une vache à lait. L'agriculture a de multiples visages tout comme l'homme qui l'a inventée. Préserver les différences de la terre, c'est préserver son usage. Dans certaines parties du monde, le meilleur engin de travail du sol reste la « charrue biologique » avec ses racines et sa faune qui remuent sans cesse la terre. Elle permet de stocker le carbone, l'azote, le phosphore et tous les autres nutriments dans un garde-manger : l'argile du sol. Flore et faune de la terre servent d'ascenseur pour conduire ces aliments jusqu'aux racines des plants cultivés. C'est là le moyen de limiter l'engraissement chimique du sol. Le non-labour doit se généraliser, et pour cela il faut franchir les réticences au changement et autres barrières culturelles qui engoncent encore bien des agricultures européennes.

Vouloir parvenir partout à une autosuffisance alimentaire dans l'état actuel des connaissances serait, pour l'écosystème, pure folie et dénoterait une ignorance des capacités des ressources naturelles et un manque total de responsabilité vis-à-vis des générations futures. Cette vue à court terme serait fatale pour les sols, l'eau des nappes et la biodiversité de certains pays arides et semi-arides. L'adaptation génétique de variétés de plantes cultivées à des terres salées, économes en eau, peu consommatrices d'engrais et résistantes aux ravageurs, l'achat de denrées en équivalent-eau permettraient d'envisager la sécurité alimentaire de ces pays sous un angle différent de celui de l'autosuffisance. La solution sera scientifique et solidaire ou elle ne sera pas.

Le contexte alimentaire mondial a changé si brutalement qu'il est urgent de modifier la façon de concevoir le travail du sol, et son rendement. C'est pourquoi la sécurité alimentaire des pays démunis doit être regardée comme un bien commun mondial qui ne pourra être réglé qu'à la faveur d'une politique solidaire. Je ne fais pas référence à l'aide alimentaire qui se justifie dans un contexte de crise, mais qui, si elle maintient sous tutelle alimentaire des peuples entiers, ne rend service ni aux marchés locaux ni aux producteurs indigènes[47]. Non, il s'agit des échanges profitables à chacun, du respect dû aux petites productions ; car il faut arrêter que les deux tiers du commerce global des marchandises alimentaires soient le fait des pays développés. En étranglant des pays producteurs par des lois commerciales contraignantes, on ne résoudra pas le problème de la faim et de la pauvreté dans le monde. Ce ne sont pas avec des considérations économiques globales que ce problème se réglera. Car l'appauvrissement continu de la terre et de sa biodiversité, des réserves d'eau douce, conduit inexorablement à produire des denrées de plus en plus chères à des prix durablement élevés, d'autant que les pays producteurs auront, eux aussi, à gérer l'épuisement de ces ressources mises à l'épreuve par la tentation énergétique.

L'Afrique subsaharienne verra dans les prochaines décennies sa population s'accroître d'un facteur deux à trois. Importatrice de denrées alimentaires, elle apparaît comme la zone du monde la plus vulnérable. Et pourtant, l'abondance de ses terres et la richesse de sa biodiversité en font un panier à provisions pour l'humanité de la moitié du XXIe siècle. Aujourd'hui, elle attise la convoitise de nombreuses nations qui se trouvent en difficulté pour alimenter leurs propres habitants. Les hommes d'État africains sauront-ils sauvegarder leur agriculture ? Il ne peut y avoir de révolution agricole verte en Afrique sans approche nouvelle, adaptée aux situations locales et qui ne ruinerait pas les terres. Il s'agit d'éviter les erreurs faites en Inde et en Asie.

La planète peut certainement nourrir tous ses habitants, si ceux-ci savent faire confiance aux hommes de science, et si ces derniers prennent conscience qu'ils œuvrent pour la société, si les ressources exploitées, la terre, l'eau et la biodiversité, le sont de façon raisonnée, c'est-à-dire en sachant que tout est interconnecté et que la maltraitance de l'un conduit inéluctablement à l'épuisement de l'autre. Les terres arables sont comptées. Le progrès scientifique et technologique, notamment avec l'amélioration génétique des plantes nutritives, la réduction et la précision des méthodes d'irrigation, peut résoudre en grande partie le problème posé par la réduction des terres fertiles.

Les hommes politiques, qui ont le pouvoir de décision, doivent ouvrir les yeux sur l'agriculture qui se meurt. Les dégâts sur les ressources sont considérables, et les prix des denrées alimentaires ne cessent de grimper de plusieurs pour-cent par an. Si, dans les pays riches, les dépenses de bouche ne grèvent en moyenne que 10 à 15 % du budget familial, les pauvres y consacrent 75 %. C'est intenable pour toute une partie de la population mondiale, tout comme il est indigne qu'une personne puisse mourir de faim toutes les vingt secondes. Dans l'insouciance des nantis, le monde bascule. Il ne s'agit plus d'annoncer, une fois de plus, l'arrivée des hirondelles, il faut reprendre d'urgence la main sur le cours du monde et sauver l'agriculture.

Références bibliographiques

1- AGREN G. I., « Microbial mitigation », *Nature Geoscience*, 2010, 3, p. 303.
2- « Agrimonde », Paris, INRA-CIRAD Rapport, 2009, 194 pages.
3- ALLAN J. A., « Virtual water : A strategic resource, global solutions to regional deficits », *Groundwater*, 1998, 36, 4, p. 545-546.
4- ALLAN P. R., Soden B. J., « Atmospheric warming and the amplification of precipitation extremes », *Science*, 2008, 321, p. 1481-1484.
5- ALVIM P. de T., « Soils of humid tropics and their sustainable use », *in*, M. L. Formoso, C. C. Cerri (éds), *Workshop on Tropical Soils*, Rio de Janeiro, Academia Brasileira de Ciências, 1999, p. 91-110.
6- AMEISEN J.-C., *Dans la lumière et les ombres. Darwin et le bouleversement du monde*, Paris, Fayard, 2008, 490 pages.
7- ARCHER D., *Global Warming*, Oxford, Blackwell, 2007, 194 pages.
8- BARBAULT R., *Un éléphant dans un jeu de quille, l'homme dans la biodiversité*, Paris, Seuil, 2006, 270 pages.
9- Bard E., Hamelin B., Delanghe-Sabatier D., « Deglacial meltwater pulse 1B and younger dryas sea levels revisited with boreholes at Tahiti », *Science*, 2010, 237, p. 1235-1237.
10- BARTON L., Newsome S. D., Chen F.-H., Wang H., Guilderson T. P., Bettinger R. L., « Agricultural origins and the isotopic identity of domestication in northern China », *Proceedings Nat. Acad. Sci.*, 2009, 106, p. 5523-5528.
11- BAUMGARTE S., Tebbe C. C., « Fields studies on the environmental fate of the Cry1Ab Bt-toxin produced by trangenic maize (Mon810) and its effect on bacterial communities in the maize rhizosphere », *Mol. Ecol.*, 2005, 14, p. 2539-2551.
12- BELLWOOD P., « Les origines des familles de langues », *in L'Âge de pierre*, Paris, Bordas, 1994, p. 123-143.

13- Bonnet J.-F., *Les Apports solaires implicites dans les activités humaines*, Bordeaux, École nationale supérieure d'arts et métiers, thèse de doctorat en énergétique, 1998, 395 pages.
14- Boorstin D., *Les Découvreurs,* Paris, Robert Laffont, 1986, 761 pages.
15- Bradley R., « 1000 years of climate change », *Science*, 2000, 238, p. 1353-1355.
16- Brouwer F., Van Rheenen T., Dhillion S. S., Elgersma A. M., *Sustainable Land Management. Strategies to Cope with the Marginalisation of Agriculture*, Cheltenham, Edward Elgar, 2008, 252 pages.
17- Camdessus M., Badré B., Chéret I., Ténière-Buchot P.-F., *Eau*, Paris, Robert Laffont, 2004, 285 pages.
18- Chabbi A., Rumpel C., « Organic matter dynamics in agro-ecosystems. The knowledge gaps », *European J. Soil Sci.*, 2009, 60, p. 153-157.
19- Chapagain A. K., Hoekstra A. Y., *Water footprints of nations*, Delft, Unesco-Ihe, Value of Water Research Report, 2004, 16, 1, 2.
20- Clavreul L., « Les paysans africains écartés des transactions sur les terres arables », *Le Monde*, mardi 26 mai 2009, p. 4.
21- Clement A. M., Baker A. C., Leloup J., « Patterns of tropical warming », *Nature geoscience*, 2010, 3, p. 8-9.
22- Colonna P., Houiller F., « Les végétaux, sources d'énergie multiples », *Pour La Science, Dossier*, 2010, 69, p. 56-61.
23- Cornette J., « Les années terribles du Roi-Soleil », *L'Histoire*, 2001, 257, p. 42-45.
24- Cortet J., Griffiths B. S., Bohanec M., Demsar D., Andersen M. N., Caul S., Birch A. N. E., Pernin C., Tabone E., Vauflery A. de, Ke X., Krogh P. H., « Evaluation of effects of transgenic Bt maize on microarthropods in a european multi-site experiment », *Pedobiologia*, 2007, 51, p. 207-218.
25- Coudert Y., Périn Ch., Courtois B., Gantet P., « Le riz, vers des variétés mieux adaptées », *Pour la Science*, 2010, 389, p. 72-79.
26- Da Silva A., R., « Sustainable agriculture in tropical soils originally under grassland and savannah (cerrados), in Brazil », *in* M. L. Formoso, C. C. Cerri (éds), *Workshop on Tropical Soils*, *op. cit.*, p. 111-126.
27- Darwin C., « On the formation of mould », *Proceedings of the Geological Society of London*, 1836, 2, p. 574-576.
28- Darwin C., *The Formation of Vegetable Mould, Through the Action of Worms, with Observations on their Habits*, Londres, John Murray, 1881, 326 pages.
29- Décor J.-P., « Vivre mieux tout en préservant la ressource », *in Colloque Nourrir neuf milliards d'humains*, Lyon, Publication de l'Institut du Vivant, 2009, p. 20-22.
30- Defries R. S., Rudel T., Uriarte M., Hansen M., « Deforestation driven by urban population growth and agricultural trade in the twenty-first century », *Nature Geoscience*, 2010, 3, p. 178-181.
31- Diamond J., *De l'inégalité parmi les sociétés*, Paris, Gallimard, 2000, 697 pages.

32- Diamond J., *Effondrement, comment les sociétés décident de leur disparition ou de leur survie*, Paris, Gallimard, 2006, 648 pages.

33- Doré T., Le Bail M., Martin P., Ney B., Roger-Estrade J., « L'agronomie aujourd'hui », Versailles, Quae, 2006, 367 pages.

34- Duby G., *L'Économie rurale et la vie des campagnes dans l'Occident médiéval*, Paris, Flammarion, 1997, I et II, 573 pages.

35- Duplessy J.-C., « Les certitudes des paléoclimatologues », *La Recherche*, 1992, 23, p. 558-565.

36- Ellis S., Mellor A., *Soils and Environment*, New York, Routledge, 1995, 364 pages.

37- Fargione J., Hill J., Tilman D., Polasky S., Hawthorne P., « Land clearing and the biofuel carbon debt », *Science*, 2008, 319, p. 1235-1237.

38- Faujas A., « Pékin tâtonne dans sa lutte contre l'inflation », *Le Monde*, 14 mai 2008, p. 13.

39- Flad R., Shuicheng L., Xiaohong W., Zhijun Z., « Early wheat in China : Results from new studies at Donghuishan in the Hexi corridor », *The Holocene*, 2010, 20 (6), p. 955-965.

40- Francou B., Vincent C., *Les Glaciers à l'épreuve du climat*, Paris, Belin, Paris, 2007, 274 pages.

41- Galus C., « Mieux connaître la biodiversité des sols tropicaux », *Le Monde*, 10 janvier 2003, p. 23.

42- Guillaume M., « Les quatre développements », *Cahier Médicis*, 2007, 3, p. 58-76.

43- Goldenberg J., Villanueva L. D., *Energy, environment and development*, São Paulo, Edusp, 2003, 226 pages.

44- Gourou P., *Les Pays tropicaux*, Paris, PUF, 4e édition refondue, 1966, 271 pages.

45- Guiot J., Joly D., « Le climat de l'Afrique du milieu de l'holocène au XXIe siècle », *Échos science*, 2006, 6, p. 7-9.

46- Haddadin M. J., « Exogenous water : A conduit to globalization of water resources », *in* A. Y. Hoekstra (éd.), *Virtual Water Trade : Proceedings of the International Expert Meeting on Virtual Water*, Delft, Unesco-Ihe, « Value of water Research Report Series », 2003, 12, p. 159-169.

47- Hervieu B., « La sécurité alimentaire mondiale face au défit du développement durable », *INRA Partenaire*, 2002, 114, p. 26-33.

48- Hoekstra A., Champagain A. K., *Globalization of Water*, Oxford, Blackwell, 2008, 208 pages.

49- Hoelzmann P., Gasse F., Dupont L. M., Salzmann U., Staubwasser M., Leuchner D. C., Srocko F., « Palaeoenvironmental changes in the arid and semi-arid belt (Sahara-Sahel-Arabian peninsula) from 150 ka to present », *in* R. W. Battarbee, F. Gasse, C. S. Stickley (éds), *Past Climate Through Europe and Africa*, Dordrecht, Springer, 2004, p. 219-256.

50- Huggins D., Reganold J., « Le labour obsolète », *Pour la science*, 2009, 378, p. 70-76.

51- Jahier J., Chalhoub B., Charcosset A., « La domestication des plantes : de la cueillette à la postgénomique », *Biofutur*, 2006, 266, p. 28-33.

52- Katerji N., « Réponse des cultures à la contrainte hydrique d'origine saline : approches empiriques et mécanistes », *C. R. Acad. Agri. Fr.*, 1995, 2, p. 73-86.
53- Katerji N., « La salinisation des sols et le comportement des plantes », *in Le Sol*, dossier INRA, Versailles, Quae, 2009, p. 136-137.
54- Kempf H., « Environnement, ces villes qui étouffent la campagne », *Le Monde*, 19 avril 2008, p. 16.
55- Kooten G. C. Van, Folmer H., *Land and Forest Economics*, Cheltenham, Edward Elgar, 2004, 533 pages.
56- Kuntz M., « Les plantes transgéniques et la recherche fondamentale : la science et la société », *in* R. Douce (éd.), *Les Plantes génétiquement modifiées*, « Rapport sur la science et la technologie de l'Académie des sciences », Paris, Lavoisier, « Tec Doc », 2002, 13, p. 19-38.
57- *La Lettre de l'INRA*, 2003, 3, p. 5.
58- Lal R., « Challenges and opportunities in soil organic matter research », *European J. Soil Sci.*, 2009, 60, p. 158-169.
59- Lal R., « Managing tropical soil resources for food security and environmental quality », *in* M. L. Formoso, C. C. Cerri (éds), *Workshop on Tropical Soils*, *op. cit.*, p. 35-54.
60- Lamb H. H., *Climate, History and the Modern World*, Londres, Routledge, 1995, 433 pages.
61- Lattemann S., « Le dessalement est-il écologique ? », *La Recherche*, « L'eau », 2008, 421, p. 62-65.
62- Laval G., « Tentative d'évaluation des besoins pour l'énergie d'ici à 2050 », *Échos science*, 7, p. 4-9.
63- « L'eau », *La Recherche*, juillet-août 2008, 421, p. 30-87.
64- « Le feu aux poudres... », *L'Histoire*, 2000, 239, p. 49.
65- *Le Monde*, 24 octobre 2008, p. 4.
66- Le réchauffement menace les cultures », *Le Point*, 26 août 2010, p. 16).
67- Lenoir M., « Agriculture, l'invention d'un nouveau mode de production », *Les Cahiers de Science et Vie*, 2010, 116, p. 22-28.
68- Leonardos O. H., Theodoro S. H., « Fertilizing tropical soils for sustainable development » *in* M. L. Formoso, C. C. Cerri (éds), *Workshop on Tropical Soils*, *op. cit.*, p. 143-153.
69- Leprun J.-C., Grouzis M., Randriambanona H., « Post-cropping change and dynamics in soil and vegetation properties after forest clearing : Example of semi-arid Mikea region, southwestern Madagascar », *C. R. Geoscience*, 2009, 341, p. 526-537.
70- Lewino F., Dos Santos G., « La palme du désastre », *Le Point*, 19 novembre 2009, 1940, p. 106-107.
71- Collectif, *Maïs et développement durable*, Condé-sur-Noireau, Arvalis, 2009, 128 pages.
72- Mane P., « La charrue à la conquête de l'Occident », *L'Histoire*, 2004, 283, p. 57.
73- Margat J., Andréassian V., *L'Eau*, Paris, Le Cavalier Bleu, « Idées reçues », 2008, 128 pages.

74- Mazoyer M., Roudart L., *Histoire des agricultures du monde, du néolithique à la crise contemporaine*, Paris, Seuil, 1997, 544 pages.
75- Menot G., Bard E., Rostek F., Weijers J. W. H., Hopmans E. C., Schouten S., Sinninghe Damsté J. S., « Early reactivation of european rivers during the last deglaciation », *Science*, 2006, 313, p. 1623-1625.
76- Miller G. T., *Living in the Environment,* Belmont, Wadsworth Inc., 1998, 701 pages.
77- Munns, D. N., « Mineral nutrition and the legumes symbiosis », *in* R. W. F. Hardy, A. H. Gibson (éds), *A Treatise on Dinitrogen Fixation*, New York, John Wiley and sons, 1977, p. 353-371.
78- Musters C. J. M., Graff H. J. de, Keurs W. J. ter, « Can protected areas be expanded in Africa ? », *Science*, 2000, 287, p. 1759-1760.
79- Neveu A., « Production agricole, bilan et perspectives », *in* Colloque *Nourrir neuf milliards d'humains*, Lyon, Publication de l'Institut du Vivant, 2009, p. 8-10.
80- Nicolas A., *2050, rendez-vous à risques*, Paris, Belin, 2004, 191 pages.
81- Oldeman R. O., Hakkeling R. T. A., Sombroek W. G., *World Map of the Human Induced Soil Degradation*, Wageningen, ISRIC, 1990.
82- Parmentier B., *Nourrir l'humanité*, Paris, La Découverte, 2009, 293 pages.
83- Pearce F., *Quand meurent les grands fleuves*, Paris, Calmann-Lévy, 2006, 368 pages.
84- Porter J. R., Semenov M. A., « Climate variability and crop yields in Europe », *Nature*, 1999, 400, p. 724.
85- « Puiser le carburant dans les plantes », *INRA magazine*, juin 2007, 1, p. 13-24.
86- Ruddiman W. F., « How did humans first alter global climate ? » *Scientific American*, 2005, p. 34-41.
87- Sànchez P. A., « Tripling crop yields in tropical Africa », *Nature Geoscience,* 2010, 3, p. 299-300.
88- Saxena D., Stotzky G., « Bt toxin released from root exudates of Bt corn has no apparent effect on earthworms, nematodes, protozoa, bacteria, and fungi in soil », *Soil Biol. Biochem.*, 2001, 33, p. 1225-1230.
89- Seale P. « La faim, une menace planétaire », *Jeune Afrique*, 2009, 2520-2521, p. 26-27.
90- Searchinger T., Heimlich R., Hougton, R. A., Dong F., Elobeid A., Fabiosa J., Tokgoz S., Hayes D., Yu T-H., « Use of US croplands for biofuels increases greenhouse gases through emissions from land-use change », *Science*, 2008, 319, p. 1238-1240.
91- Stark R., *Le Triomphe de la raison*, Paris, Presses de la Renaissance, 2007, 358 pages.
92- *Techniques de conservation des sols TCS*, Châteaubourg, Les guides Sulky, 2005, 88 pages.
93- Temple R. K. G., *Quand la Chine nous précédait*, Paris, Bordas, 1988, 254 pages.
94- Trémolières J., *Nutrition, physiologie, comportement alimentaire*, Paris, Dunod, Paris, 1977, 618 pages.

95- Vercesi M. L., Krogh P. H., Holmstrup M., « Can Bt corn residues and Bt corn plants affect life history traits in the earthworms ? », *Appl. Soil Ecol.*, 2006, 32, p. 180-187.
96- Vincens A., Buchet G., Servant M., « Vegetation response to the African humid period termination in central Cameroon. New pollen insight from lake Mbalang », *Clim. Past*, 2010, 6, p. 281-294.
97- Wall D. H., Bargett R. D., Kelly E. F., « Biodiversity in the dark », *Nature Geoscience*, 2010, 3, p. 297-298.
98- White R. E., *Principles and Practice of Soil Science, the Soil as a Natural Resource*, Oxford, Blackwell, 4e édition, 2006, 363 pages.
99- Wild A., *Soils and the Environment, an Introduction*, Cambridge University Press, 1995, 287 pages.
100- Williams P. E. V., « Animal production and european pollution problems », *Animal Feed Sci. Technol.*, 1995, 53, p. 135-144.
101- www.mddep.gouv.qc.ca
102- Yang H., Zehnder A. J. B., « Water scarcity and food import, a case study for southern Mediterranean countries », *World Development*, 2002, 30 (8), p. 1413-1430.

Remerciements

Un ouvrage tel que celui-ci est bien différent d'une publication ou d'un manuel scientifiques. Car il demande d'embrasser, au-delà de la spécialisation, un large sujet, tout à la fois historique et actuel. Il résulte d'un large métissage de connaissances et de savoirs que je n'ai pu acquérir qu'à travers des lectures très diversifiées, mais aussi par l'échange avec de nombreux chercheurs d'autres compétences. Je sors de cette rédaction, plus instruit et j'ose espérer qu'il en sera de même pour le lecteur.

En 1998, la lecture de deux remarquables ouvrages, celui de H. H. Lamb publié quelques années auparavant en Grande-Bretagne et celui de Mazoyer et Roudart qui venait de paraître en France et de m'être offert par le directeur général de l'INRA, m'a fait toucher du doigt l'histoire du développement agricole. La rédaction des chapitres 2 et 3 s'est inspirée du travail de ces auteurs. Ayant moi-même étudié depuis plus de quarante ans la genèse et l'évolution spatiale et temporelle des altérations et des sols des régions tropicales et des zones arides, j'ai éprouvé le besoin de m'intéresser à leurs capacités agricoles. La chance a voulu qu'une année plus tard je devienne président du CIRAD qui est un organisme public de recherche finalisée, dévolu à la recherche agronomique pour le développement. Une de mes tâches essentielles fut alors de me familiariser encore plus avec la recherche qui s'y faisait, en visitant équipes et laboratoires, en me faisant expliquer le but des études, les étapes atteintes, les espoirs attendus. J'ai beaucoup appris auprès des ingénieurs et des chercheurs du CIRAD, et sans eux ce livre aujourd'hui n'existerait pas. Je leur témoigne toute ma reconnaissance. Chacun de mes voyages sur le terrain ou pour visiter des laboratoires, voire mes déplacements, dans certaines universités américaines, européennes, japonaises, chinoises, australiennes sur des approches analogues, a fortement aiguisé mes connaissances et enrichi mes réflexions. Et, pour m'assurer de bien saisir le sens d'une recherche nouvelle pour moi, celle de la connaissance des espèces végétales agricoles, celle des biotechnologies employées pour l'amélioration des variétés, celle de la biodiversité etc., je me garantissais à chaque visite, de la présence à mes côtés de Jacques Meunier, ancien directeur scientifique du CIRAD. Auprès de ce grand scientifique, j'ai découvert un monde nouveau ; bien plus, j'en ai compris les mécanismes génétiques, physiologiques, et l'importance que cela pouvait avoir sur le développement des cultures et, somme toute, sur le cours d'une partie de l'humanité démunie. Je remercie très sincèrement ce grand homme, plein de modestie, mais plein de savoir.

Il y a tant d'autres chercheurs auprès desquels j'ai appris et avec qui j'ai toujours un plaisir à échanger, à questionner, à puiser dans leur immense savoir : pour faire court je ne citerai que Gérard Matheron, Guy Riba, Alain Coléno, Jean-Pierre Décor au milieu de bien d'autres ! Je les remercie de m'avoir permis de croiser mon savoir scientifique à mille titres.

Et puis il y a ceux vers qui je me suis tourné, comme toujours, pour me renseigner au mieux sur des découvertes récentes, sur des articles scientifiques parus, ceux qui m'ont guidé, fourni de la documentation au fait de la connaissance la plus pointue, ceux avec qui je pouvais discuter d'un point particulier, abuser de leur patience pour m'instruire, savoir plus sur les paléoclimats, sur l'énergie, sur les combustibles fossiles, sur le sort des terres arables africaines et brésiliennes, sur le devenir de la matière organique des sols, sur les argiles, sur la génétique, sur le non-labour, les pesticides, etc. Je pense à Jean-Claude Leprun, Adolpho Melfi, Bruno Hamelin, Annie Vincens, Pascal Affaton, Jean Cases, Jean-Louis Muron, Jérôme Balesdent, André Mariotti, Yvette Datté, Philippe Hartemann, Michel Combarnous, Aziz Chikhaoui, Jim Horman, Odette Meynard, Édouard Bard. Sans oublier les agriculteurs français du Magnoac et les exploitants agricoles du Québec, d'Australie de l'Ouest, auprès de qui j'ai beaucoup appris.

Enfin toute mon amitié et ma reconnaissance vont à Roland Trompette et à Gérard Jorland. Ils ont lu mon premier manuscrit avec patience et minutie, et m'ont proposé des corrections, m'ont suggéré des développements. J'ai pu profiter de leur grande culture scientifique et de leurs interrogations, nous avons été amenés à discuter à maintes reprises du sujet traité ; grâce à eux, mon ouvrage a beaucoup gagné en compréhension et en contenu. Je les remercie très sincèrement.

À Aix-en-Provence, le 30 mai 2011

Table

DU MÊME AUTEUR
CHEZ ODILE JACOB

Science de la Terre, science de l'Univers (avec Roland Trompette), 2011
L'Épuisement de la Terre. L'enjeu du XXI*e siècle*, 2008.

Cet ouvrage a été transcodé et mis en pages
chez Nord Compo (Villeneuve-d'Ascq)

N° d'édition : 7381-2738-Y
Dépôt légal : février 2012

www.ingramcontent.com/pod-product-compliance
Lightning Source LLC
LaVergne TN
LVHW050645051026
849532LV00002B/535
* 9 7 8 2 7 3 8 1 2 7 3 8 9 *